Ce manuel est dédié à la mémoire de

Diti Hengchaovanich

Ingénieur géotechnique thaïlandais

*qui a ouvert la voie à l'utilisation du vétiver à grande échelle
pour la stabilisation des autoroutes
et a, pendant de nombreuses années, précieusement contribué
au Réseau international du Vétiver.*

Nombreux sont ceux qui se souviendront de Diti avec gratitude.

*1ère édition 2009
Publié par le réseau international du vétiver
Couverture de Lily Grimshaw*

PREFACE

LES SOLUTIONS ENVIRONNEMENTALES EPROUVEES & 'VERTES' DU SYSTEME VETIVER

Peu de plantes vivantes possèdent des propriétés uniques à usages multiples, ne nuisent pas à l'environnement, sont aussi efficaces et simples à utiliser que l'herbacée vétiver. Peu de plantes connues et utilisées avec sagesse au fil des siècles ont soudainement été promus et largement utilisées à travers le monde au cours des 20 dernières années comme l'a été le vétiver. Et encore moins de plantes ont été idolâtrées comme herbe miraculeuse ou herbe merveilleuse ayant la capacité de créer un mur vivant, un filtre vivant et une "pointe vivante" de renforcement. Le système vétiver (SV) relève de l'utilisation d'une plante tropicale unique, le vétiver – récemment reclassée comme *Chrysopogon zizanioides*. La plante peut être cultivée sous un très large éventail de sols et de climats, et, plantée correctement, elle peut être virtuellement utilisée n'importe où, sous des climats tropicaux, semi tropicaux et méditerranéens. Elle possède des caractéristiques qui, dans l'ensemble, sont uniques à une seule espèce. Lorsque le vétiver est cultivée sous la forme d'une étroite haie autonome, elle présente des caractéristiques spéciales qui sont essentielles aux différentes applications du système vétiver.

L'espèce *Chrysopogon zizanioides*, promue dans une centaine de pays pour les applications du SV et originaire du Sud de l'Inde, est stérile, non invasive et doit être multipliée par éclats de souches. La multiplication en pépinière de plants à racine nue est en général la méthode la plus utilisée. Le taux moyen de multiplication varie, mais en pépinière, il est normalement d'environ 1:30 au bout de trois ou quatre mois sous bonne conditions climatique. Les touffes sont divisées en éclats d'environ 3 talles chacune et généralement plantées à 15 cm l'une de l'autre en suivant la courbe á niveau pour former, une fois matures, une barrière d'herbe rigide qui agit comme un tampon et un épandeur des écoulements d'eau des pentes descendantes ainsi qu'un filtre à sédiments. Une bonne haie réduira l'écoulement des eaux de pluie de 70% et les sédiments de 90%. Une haie de clôture demeurera là où elle est plantée et les sédiments éparpillés derrière elle s'accumulent progressivement pour former une terrasse de longue durée, protégée par le vétiver.

Il s'agit d'une technologie à faible coût, à forte intensité de main-d'œuvre (liée au coût de la main-d'œuvre), avec un ratio élevé coûts-bénéfices. Utilisée pour protéger des travaux de génie civil, son coût est d'environ 1/20 ième des systèmes et travaux traditionnels d'ingénierie. Les ingénieurs comparent la racine de vétiver à un "clou vivante" qui a une force ductile moyenne de 1/6 de l'acier doux.

Le vétiver peut être utilisée directement comme un produit générateur de revenu agricole, ou pour des applications qui protégeront les bassins hydrauliques et les bassins versants des dégâts environnementaux, en particulier des sources ponctuelles liées : a) aux écoulements de sédiments ; b) à l'excédent de nutriments, de métaux lourds et de pesticides dans le lixiviat émanant de sources toxiques. Ces deux principales utilisations sont étroitement liées.

Les résultats des nombreuses applications du vétiver, en essai ou en masse, menées au cours des vingt dernières années dans de nombreux pays montrent également que cette herbe est particulièrement efficace pour réduire les catastrophes naturelles (crues, glissements de terrain, ruptures de talus routiers, berges, canaux d'irrigation et érosion côtière, instabilité des structures de rétention d'eau, etc.), protéger l'environnement (réduction de la contamination de la terre et de l'eau, traitement de déchets solides et liquides, amendement du sol, etc.) ainsi que bien d'autres usages.

Toutes ces applications peuvent avoir un impact direct ou indirect sur les populations rurales démunies : directement en assurant la protection ou la réhabilitation des terres agricoles, une meilleure rétention hydrique et des revenus agricoles directs, ou indirectement en protégeant les infrastructures rurales.

Les systèmes de vétiver peuvent être utilisés par la plupart des secteurs impliqués dans le développement rural et communautaire; son usage s'intègre bien, le cas échéant, dans les plans de développement communautaire, de district ou régional. Si tous les acteurs utiliseraient le SV, les producteurs de vétiver, petits et grands, aurons l'opportunité d'entreprendre des activités génératrices de revenu, en produisant du matériel végétal, en agissant comme paysagistes pour stabiliser des pentes ou en vendant des produits dérivés du vétiver : produits d'artisanat, paillis, chaume, fourrage, etc. Il s'agit donc d'une technologie qui pourrait "démarrage" une part importante de la communauté à sortir de la pauvreté. Cette technologie relève du domaine public et l'accès à l'information est gratuit.

Cependant, le potentiel de l'usage du vétiver demeure énorme et le public doit être sensibilisé à son application. Par ailleurs, certaines réticences, des questions et même des doutes persistent sur les valeurs et l'efficience du vétiver. Dans la plupart des cas, l'échec de l'usage du vétiver est dû à des erreurs de compréhension ou à des applications incorrectes plutôt qu'au système de vétiver lui-même.

Le présent manuel est complet, détaillé et pratique. Il puise dans les travaux actuels sur le vétiver au Vietnam et ailleurs dans le monde. Ses recommandations et observations techniques sont fondées sur des situations concrètes, des problèmes et des solutions pragmatiques. Il est prévu que ce manuel soit largement utilisé par les personnes utilisant et promouvant le Système Vétiver et nous espérons qu'il sera traduit dans de nombreuses autres langues. Il faut remercier les auteurs pour un travail bien fait !

Le manuel a été d'abord compilé en vietnamien et en anglais, les deux versions étant aujourd'hui publiées. Il est actuellement en cours de traduction en langues chinoise et espagnole.

Dick Grimshaw
Fondateur et Président du Réseau international Vétiver.

APPLICATIONS DU SYSTEME VETIVER MANUEL DE REFERENCES TECHNIQUES

En se basant sur l'examen de l'énorme volume des résultats de la recherche et de l'application du vétiver, les auteurs ont pensé qu'il était temps de compiler une version plus récente pour remplacer le premier manuel publié par la Banque mondiale (1987), "Vétiver – Une Haie Contre l'Érosion " (communément connu comme le "Livre Vert"), élaboré par John Greenfield. Ce nouveau manuel couvrirait une gamme plus étendue des applications du vétiver. Partageant cette idée, les auteurs ont reçu un soutien enthousiaste du Réseau International de Vétiver (TVNI) . Les versions vietnamienne et anglaise ont été imprimées en premier.

Ce manuel combine les applications du SV en matière de stabilisation des sols et de protection des infrastructures, de traitement et d'évacuation des eaux usées et polluées et de réhabilitation et phytoremédiation de terres contaminées. Comme le Livre Vert, ce manuel présente les principes et méthodes des diverses applications du SV pour les usages sus-mentionnés. Il comprend aussi les résultats les plus récents en matière de recherche et développement de ces applications et de nombreuses expériences réussies à travers le monde. Le principal objectif de ce manuel est de présenter le SV aux planificateurs et ingénieurs d'études et autres usagers potentiels, qui ne sont souvent pas au courant de l'efficacité des méthodes de bioingénierie et la phytoremédiation.

Paul Truong, Tran Tan Van et Elise Pinners,
Les auteurs.

AUTEURS

Dr Paul Truong
Directeur, Le Réseau International du Vétiver, responsable de la Région Asie et Pacifique et Directeur de Veticon Consulting. Au cours des 18 dernières années, il a mené d'importants travaux de recherche sur l'application du système de vétiver en matière de protection de l'environnement. Ses travaux d'avant-garde sur la capacité du vétiver à survivre et tolérer aux conditions défavorables, aux métaux lourds et à la lutte contre la pollution servent de référence pour les applications du SV en matière de déchets toxiques, de réhabilitation de mines et de traitement des eaux usées, travaux pour lesquels il a reçu plusieurs prix de la Banque mondiale et du roi de Thailande.

Dr Tran Tan Van
Coordonnateur du Réseau de Vétiver au Vietnam. En tant que Directeur adjoint de l'Institut vietnamien de Géosciences et des Ressources minérales, il est chargé de formuler des recommandations pour l'atténuation des catastrophes naturelles. Depuis son initiation au système vétiver il y a six ans, il est non seulement devenu un excellent praticien des systèmes de vétiver, mais aussi un leader stratégique, en tant que coordonnateur du Réseau de vétiver au Vietnam. Au cours des six dernières années, il a énormément contribué à l'adoption à grande échelle des systèmes de vétiver au Vietnam, dans une quarantaine de provinces sur 64, promue par différents ministères, ONG et entreprises. Son initiation au système vétiver a commencé avec la stabilisation des dunes côtières de sable et porte aujourd'hui sur l'atténuation des dégâts des crues sur les littoraux et les berges, les digues maritimes, anti-sel et de rivière et de fleuve, la protection des talus et bords de routes contre l'érosion et les glissements de terrain et les applications pour atténuer la pollution du sol et de l'eau. Il a reçu le prestigieux prix de Vetiver Champion par le Réseau International du Vétiver en 2006 lors de la quatrième Conférence internationale sur le vétiver à Caracas (Venezuela).

Ms. Elise Pinners
Directrice adjointe du Réseau international du vétiver, elle a d'abord eu recours au système vétiver au Cameroun à la fin des années 90, dans l'agriculture et des projets de routes rurales. Depuis son arrivée au Vietnam en 2001 comme conseillère du Réseau vietnamien du vétiver, elle a contribué au développement et à la promotion du Réseau vietnamien du vétiver au Vietnam et dans le monde, en prodiguant des conseils, en levant des fonds et en initiant au SV les célèbres ingénieurs des travaux maritimes néerlandais. Elle a également participé à la mise en œuvre du premier projet du Réseau vietnamien du vétiver, financé par l'ambassade des Pays-Bas, sur la stabilisation des dunes côtières/littorales et autres applications à Quang Binh et Da Nang. Au cours des dix-huit derniers mois, elle a travaillé pour Agrifood Consulting International (ACI) à Hanoi. Installée au Kenya l'été 2007, elle projette de poursuivre sa contribution à la promotion et au développement du système vétiver.

Bien que ces trois auteurs aient tous contribué à la rédaction et à l'édition des cinq parties du présent Manuel, chacun d'entre eux est l'auteur principal d'une ou plusieurs parties :

> Partie 1, 2 et 4 - Paul Truong
> Partie 3 - Tran Tan Van
> Partie 5 - Elise Pinners

REMERCIEMENTS

Le Réseau vietnamien du vétiver souhaite remercier l'ambassade des Pays-Bas d'avoir parrainé l'élaboration et la publication du présent Manuel. Il remercie également l'Université des ressources humaines de Hanoi d'avoir contribué à la publication et la promotion de l'édition vietnamienne.

La plupart des travaux de recherche et de développement signalés dans ce Manuel ont bénéficié d'un appui financier de la Fondation Donner, de la Fondation américaine Wallace Genetic, de l'Ambertone Trust du Royaume-Uni, du gouvernement danois, de l'ambassade des Pays-Bas et du Réseau international du vétiver. Nous vous sommes reconnaissants pour votre soutien et vos encouragements.

Le réseau vientamien du vétiver remercie l'université Can Tho pour son appui en nature, et plus particulièrement le Professeur, recteur Le Quang Minh, l'Université d'Agro-Foresterie de la ville de Ho chi Minh, le Ministère des Ressources naturelles et de l'Environnement, notamment l'Union vietnamienne des associations de la science et de la technologie, qui a procédé à l'évaluation de la version vietnamienne de ce Manuel.

Le réseau vientamien du vétiver est également reconnaissant à tous les praticiens du vétiver des différentes provinces pour leur appui enthousiaste et leur encouragement.

Les données utilisées dans ce manuel ont été fondées non seulement sur les travaux de recherche-de développement des auteurs, mais aussi sur ceux des collègues à travers le monde, notamment au Vietnam au cours des dernières années. Les auteurs remercient pour leur contribution :

- Australie : Cameron Smeal, Ian Percy, Ralph Ash, Frank Mason, Barbara et Ron Hart, Errol Copley, Bruce Carey, Darryl Evans, Clive Knowles-Jackson, Bill Steentsma, Jim Klein et Peter Pearce
- Chine : Liyu Xu, Hanping Xia, Liao Xindi, Wensheng Shu
- Congo : (DRC) Dale Rachmeler, Alain Ndona
- Inde : P. Haridas
- Indonésie : David Booth
- Laos : Werner Stur
- Mali, Sénégal et Maroc : Criss Juliard

- Pays-Bas : Henk-Jan Verhagen
- Philippines : Eddie Balbarino, Noah Manarang
- Afrique du Sud : Roley Nofke, Johnnie van den Berg
- Taiwan : Yue Wen Wang
- Thaïlande : Narong Chomchalow, Diti Hengchaovanich, Surapol Sanguankaeo, Suwanna Parisi, Reinhardt Howeler, Département of Land Development, Royal Project Development Board
- The Vetiver Network International : Dick Grimshaw, John Greenfield, Dale Rachmeler, Criss Juliard, Mike Pease, Joan et Jim Smyle, Mark Dafforn, Bob Adams.
- Vietnam :
- Centre de vulgarisation agricole, Département de l'Agriculture et du Développement rural, Quang Ngai Province: Vo Thanh Thuy ;
- Université Can Tho : Le Viet Dung, Luu Thai Danh, Le Van Be, Nguyen Van Mi, Le Thanh Phong, Duong Minh, Le Van Hon ;
- Université agro-forestière de Ho chi Minh ville : Pham Hong Duc Phuoc, Le Van Du ;
- Kellogg Brown Root (KBR), main contractor du projet natural disaster mitigation financé par l'AusAID dans la province de Quang Ngai : Ian Sobey ;
- Thien Sinh et Thien An Co. Ltd, principales entreprises pour la plantation du vétiver le long de l'autoroute de Ho Chi Minh : Tran Ngoc Lam et Nguyen Tuan An.
- Les auteurs souhaitent également remercier Mary Wilkowski (réseau hawaïen du vétiver), John Greenfield et Dick Grimshaw pour leur contribution à l'édition anglaise.

SOMMAIRE DU MANUEL

Ce manuel comprend cinq parties indépendantes. Il est possible de n'en utiliser qu'une seule pour un groupe spécifique d'applications, mais il est hautement recommandé de toujours inclure la Partie 1, vu que les autres parties font fréquemment référence aux caractéristiques du vétiver qui sont pertinentes pour différentes applications. Dans la plupart des cas, il est utile de include also

Partie 1 : La plante de vétiver
Partie 2 : Méthodes de multiplication du vétiver
Partie 3 : Le système vétiver pour l'atténuation des catastrophes et la protection des infrastructures
Partie 4 : Le système vétiver pour la prévention et le traitement des eaux et terres contaminées
Partie 5 : Le système vétiver pour la lutte contre l'érosion dans les exploitations agricoles et d'autres usages

Pour des détails plus récents sur l'un des thèmes abordés dans ce manuel, prière de visiter le site www.vetiver.org, qui contient de nombreux liens vers d'autres thèmes pertinents.

PARTIE 1 – LA PLANTE DE VETIVER

SOMMAIRE

1. INTRODUCTION	1
2. CARACTERISTIQUES SPECIALES DU VETIVER	2
2.1 Caractéristiques morphologiques	2
2.2 Caractéristiques physiologiques	2
2.3 Caractéristiques écologiques	3
2.4 Tolérance du vétiver au froid	4
2.5 SYNTHESE DU CHAMP D'ADAPTABILITE	4
2.6 Caractéristiques génétiques	6
2.7 Degré d'enherbement	8
3. CONCLUSION	9
4. REFERENCES	9

1. INTRODUCTION

Le système vétiver (SV), qui est basé sur l'application de l'herbacée vétiver (*Vetiveria zizanioides* L Nash, aujourd'hui reclassée comme *Chrysopogon zizanioides* L Roberty), a d'abord été développé par la Banque mondiale au milieu des années 80 dans le domaine de la conservation des sols et des eaux en Inde. Si cette application joue encore un rôle vital dans la gestion des terres agricoles, les travaux de recherche et de développement effectués au cours des vingt dernières années ont clairement démontré qu'en raison des caractéristiques extraordinaires du vétiver, le SV est aujourd'hui utilisé comme une technique de bio-ingénierie pour la stabilisation des fortes pentes, l'évacuation des eaux usées, la phytoremédiation des sols et eaux contaminées et d'autres objectifs de protection de l'environnement.

Quels sont les modes d'action et de fonctionnement du Système Vétiver ?
Le SV est un moyen très simple, pratique, peu coûteux, extrêmement efficace et demandant très peu d'entretien utilisé pour la conservation des sols et des eaux, le contrôle des sédiments, la stabilisation, la réhabilitation et la phytoremediation des sols. En tant que végétal, il n'est pas nuisible à l'environnement. Plantés en rangées, les plants de vétiver formeront une haie dense très efficace pour ralentir et épandre les eaux de ruissellement, réduire l'érosion du sol et en conserver l'humidité et retenir les sédiments et produits chimiques agricoles in situ. Bien que d'autres types de haies puissent agir de la sorte, le vétiver, grâce à ses caractéristiques morphologiques et physiologiques uniques mentionnées ci-dessous, y arrive mieux que tous les autres systèmes testés à ce jour. Par ailleurs, le système racinier extrêmement profond et épais du vétiver se fixe au sol, ce qui le rend très difficile à déloger par des débits d'eau à grande vitesse. Ce système racinier très profond et à croissance rapide fait aussi du vétiver une plante très tolérante à la sécheresse et hautement appropriée à la stabilisation des pentes raides.

Le Manuel des vulgarisateurs agricoles ou Petit Livre Vert
Pour compléter ce manuel technique, il y a le petit livre vert, en format de livre de poche, destiné aux agents vul-

garisateurs et publié la première fois par la Banque mondiale en 1987, auquel il est fait référence page iii sous le titre Le Vétiver – Une haie contre l'érosion, ou plus communément connu sous le nom de "Petit Livre Vert" de John Greenfield. Le présent manuel est de loin plus technique dans sa description du système vétiver et est destiné aux techniciens, universitaires, planificateurs, fonctionnaires et responsables de l'aménagement foncier. Pour l'agriculteur et l'agent vulgarisateur sur le terrain, le Petit Livre Vert, qui peut être facilement glissé dans sa poche, reste le manuel idéal sur le terrain.

2. CARACTERISTIQUES SPECIALES DU VETIVER

2.1 Caractéristiques morphologiques :

- Le vétiver ne possède ni stolons ni rhizomes. Son système racinaire massif bien structuré peut croître très rapidement, la profondeur racinaire pouvant atteindre 3-4 m dès la première année sous certaines applications. Ce profond système racinaire rend le vétiver extrêmement tolérant à la sécheresse et difficile à déloger par de forts courants.
- Tiges hautes et raides, pouvant résister à des écoulements d'eau relativement profonds. Photo 1
- Haute résistance aux parasites, aux maladies et au feu. Photo 2
- Une haie dense est formée lorsque les plantes sont en rangs serrés, agissant comme un filtre à sédiments et une barrière de dérivation d'eau très efficace.
- Les nouvelles pousses se développent à partir de la couronne souterraine rendant le vétiver résistant au feu, au gel, à la circulation et à de fortes pressions de pâturage.
- De nouvelles racines poussent à partir des nodosités lorsqu'elles sont enterrées sous des sédiments piégés. Le vétiver continuera de croître avec le limon déposé en formant éventuellement des terrasses si les sédiments piégés ne sont pas retirés.

Photo 1 : Les tiges hautes et raides forment une haie plus dense lorsqu'elles sont plantées à faible distance l'une de l'autre (en rangs serrés)

2.2 Caractéristiques physiologiques

- Tolérance à des variations climatiques extrêmes comme la sécheresse prolongée, les crues, l'immersion et les températures extrêmes, de - 14°C à + 55°C.
- Capacité de recroître très rapidement, après avoir été touché par la sécheresse, le gel, la salinité et d'autres conditions défavorables, dès que le temps s'améliore ou que le sol est amendé.
- Tolérance à une large gamme de pH du sol, allant de 3,3 à 12,5, sans amendement.
- Niveau élevé de tolérance aux herbicides et pesticides.
- Très efficace pour absorber des nutriments dissous comme N et P et des métaux lourds dans l'eau

polluée.
- Haute tolérance dans un milieu à forte teneur en acidité, alcalinité, salinité, sodicité et magnésium.
- Haute tolérance à Al, Mn et aux métaux lourds comme As, Cd, Cr, Ni, Pb, Hg, Se et Zn dans le sol.

2.3 Caractéristiques écologiques

Bien que le vétiver soit très tolérant à certaines conditions extrêmes de sol et de climat mentionnées ci-dessus, comme la plupart des herbes tropicales, il ne tolère par contre pas l'ombre. L'ombre réduit sa croissance et peut même, dans des cas extrêmes, l'éliminer. Ainsi, le vétiver pousse mieux à l'air libre, mais un contrôle des mauvaises herbes pourrait s'avérer nécessaire durant sa phase de constitution. Sur un sol érodable ou instable, le vétiver réduit d'abord l'érosion, stabilise le sol érodable (particulièrement les fortes pentes), puis, grâce à la conservation des nutriments et de l'humidité, améliore son microenvironnement afin que d'autres plantes spontanées ou semées puissent plus tard s'établir. En raison de toutes ces caractéristiques, le vétiver peut être considéré comme une plante pionnière sur les terres perturbées.

Photo 2 : Le vétiver ayant survécu à un incendie de forêt ; droite : deux mois après l'incendie

Photo 3 : Sur des dunes de sable côtières à Quang Bình (gauche) et sol salin dans la province de Gò Công (droite)

Photo 4 : Sur un sol extrêmement acido-sulfaté à Tân An (gauche) et un sol alcalin et sodique à Ninh Thu n (droite)

2.4 Tolérance du vétiver au froid

Bien que le vétiver soit une plante tropicale, elle peut survivre et croître sous des conditions de froid extrême. En période de gel, son sommet cesse de croître ou devient dormant et prend une couleur 'violette', mais la croissance des parties enfouies dans le sol survit. En Australie, la croissance du vétiver n'a pas été affectée par un gel sévère à –14° C et a survécu pendant une courte période à –22° C (- 8° F) en Chine du Nord. En Géorgie (USA), le vétiver a survécu à une température du sol de - 10° C mais pas à – 15° C. Des recherches récentes ont montré que 25° C était la température optimale du sol pour la croissance racinaire, mais des racines du vétiver ont continué à croître à 13° C. Bien que la croissance soit minime à une température du sol variant entre 15° C (jour) et 13° C, la croissance racinaire s'est poursuivie au taux de 12,6 cm/jour, indiquant que l'herbe de vétiver n'était pas dormante à cette température ; les extrapolations laissent penser que la dormance racinaire survient à environ 5° C (Fig.1).

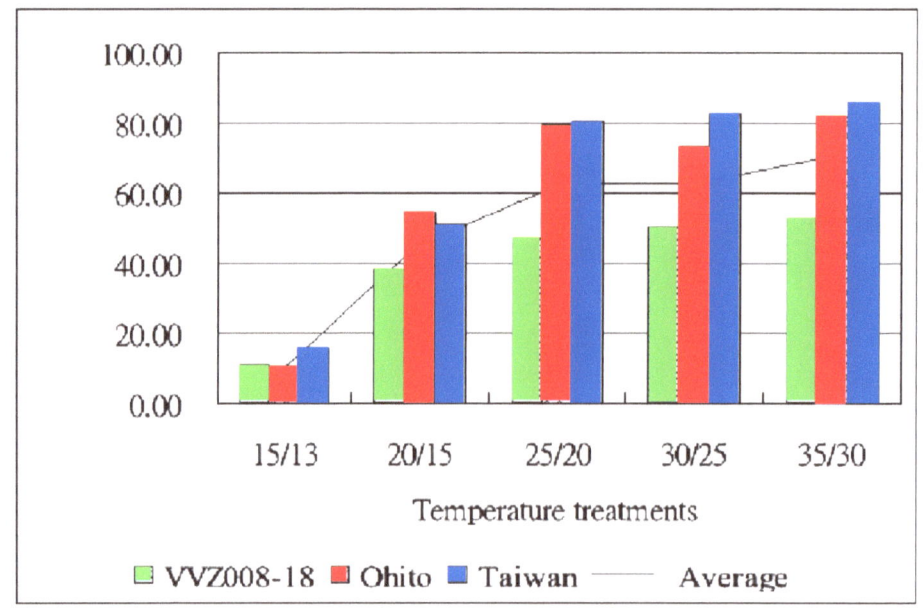

Figure 1 : L'effet de la température du sol sur la croissance de la racine du vétiver

2.5 Synthèse du champ d'adaptabilité

La synthèse du champ d'adaptabilité du vétiver est présentée dans le Tableau 1.

Tableau 1 : Champ d'adaptabilité du vétiver en Australie et dans d'autres pays

	Australie	Autres pays
Mauvaises conditions de sols		
Acidité	pH 3.3	pH 4,2 (niveau soluble élevé d' Al)
Niveau d'Al (Al Sat.%)	Entre 68% 87%	
Niveau de Mn	> 578 mgkg-1	
Alcalinité (hautement sodique)	pH 9,5	pH 12,5
Salinité (50% de réduction de rendement)	17,5 mScm	
Salinité (ayant survécu)	47,5 mScm-1	
Teneur en sodium	33% (échange Na)	
Teneur en magnésium	2.400 mgkg-1 (Mg)	
Métaux lourds		
Arsenic	100 250 mgkg-1	
Cadmium	20 mgkg-1	
Cuivre	35 50 mgkg-1	
Chrome	200 600 mgkg-1	
Nickel	50 100 mgkg-1	
Mercure	> 6 mgkg-1	
Plomb	> 1.500 mgkg-1	
Sélénium	> 74 mgkg-1	
Zinc	>240 mgkg-1	
Lieu	15°S 37°S	41°N 38°S
Climat		
Pluviométrie annuelle (mm)	450 4.000	250 5.000
Gel (température au sol.)	11°C	14°C
Vague de chaleur	45°C	55°C
Sécheresse (sans pluie véritable)	15 mois	
Engrais		
Le vétiver peut s'établir dans des sols très infertiles à cause de sa forte association avec le mycorhize	N and P	
(300 kg/ha DAP)	N et P. fumier	
Palatabilité	Vaches laitières, bovins, chevaux, lapins, moutons, kangourous	Vaches, bovins, chèvres, moutons, cochons, carpes
Valeur nutritionnelle	N = 1,1 %	Protéine brute 3,3 %
	P = 0,17 %	Graisse brute 0,4 %
	K = 2,2 %	Fibre brute 7,1 %

Genotypes:VV2008-18 Ohito & Taiwan, les deux dernìers sont, de base, les même que Sunshine. Traitement de température ; jour 15°/nuit 13° (PC :Y.W.Wang)

2.6 Caractéristiques génétiques
Trois espèces de vétiver sont utilisées pour la protection de l'environnement.

2.6.1 Vetiveria zizanioides L reclassée comme Chrysopogon zizanioides R
Il existe deux espèces de vétiver originaires du sous-continent indien : *Chrysopogon zizanioides* et *Chrysopogon lawsonii*. *Chrysopogon zizanioides* a plusieurs différentes accessions. En général, les espèces du Sud de l'Inde sont cultivées et ont des systèmes racinaires forts et importants. Ces accessions tendent vers la polyploïdie, montrent des niveaux élevés de stérilité et ne sont pas considérées comme invasives. Les accessions du Nord de l'Inde, courantes dans les bassins du Gange et de l'Indus, sont sauvages et ont des systèmes racinaires plus faibles. Diploïdes, elles sont connues comme étant envahissantes, mais pas nécessairement invasives. Ces accessions Nord-indiennes ne sont PAS recommandées dans le cadre du Système Vétiver. Il faut également signaler que la plupart des travaux de recherche en matière d'applications du vétiver et les expériences sur le terrain ont porté sur les cultivars du Sud de l'Inde qui sont étroitement liés (même génotype) aux variétés Monto et Sunshine. Les études ADN confirment qu'environ 60% des *Chrysopogon zizanioides* utilisées pour la bioingénierie et la phytoremédiation dans les pays tropicaux et sous-tropicaux ont le même clone que Monto et Sunshine.

2.6.2 Chrysopogon nemoralis
Cette espèce indigène de vétiver est largement répandue dans les massifs de Thailande, du Laos et du Vietnam et plus vraisemblablement au Cambodge ainsi qu'au Myanmar. Elle est largement utilisée en Thailande pour la fabrication de toits de chaume. Cette espèce n'est pas stérile ; les principales différences entre C. nemoralis et C. zizanioides, sont que cette dernière est plus haute et a des tiges plus épaisses et plus raides, C. zizanioides a un système racinaire plus épais et plus profond ; ses feuilles sont plus larges et une zone vert clair couvre les nervures médianes, comme le montrent les photos ci-dessous (Photos 5-8).

Photo 5 : Feuilles de vétiver, (gauche) : *C. zizanioides*, (droite) : *C. nemoralis*

Photo 6 : Pousses de vétiver, (gauche) : *C. nemoralis*, (droite) : *C. zizanioides*

Photo 7 : Différence entre *C. zizanioides* (haut) et racines de *C. nemoralis* (bas)

Photo 8 : Racines de vétiver au sol (gauche et milieu) et dans l'eau (droite)

Bien que C. nemoralis ne soit pas aussi efficace que *C. zizanioides*, les agriculteurs ont aussi reconnu l'utilité de C. nemoralis dans la conservation des sols ; ils l'ont utilisée stabiliser les digues de rizières dans les massifs centraux ainsi que dans certaines provinces côtières du Vietnam central comme Quang Ngai pour, Photo 9.

Photo 9 : *C. nemoralis* à Quang Ngai (gauche) et dans les massifs centraux (droite)

2.6.3 Chrysopogon nigritana

Il s'agit d'une espèce indigène d'Afrique du Sud et de l'Ouest et son application est principalement restreinte au sous-continent, devrait cependant être restreinte à leurs terroirs d'origine, étant donné qu'il s'agit de variétés à graines (Photo 10).

Photo 10 : *Chrysopogon nigritana* au Mali (Afrique de l'Ouest)

2.7 Enherbement

Les cultivars de vétiver issus des accessions sud-indiennes sont non agressifs ; ils ne produisent ni stolons ni rhizomes et doivent être établis végétativement par éclats de souches des racines au niveau de la couronnes. Il est impératif que toutes les plantes utilisées dans le domaine de la bio-ingénierie ne deviennent pas des mauvaises herbes dans l'environnement local ; par conséquent, les cultivars de vétiver stérile (comme Monto, Sunshine, Karnataka, Fiji et Madupatty) des accessions du Sud de l'Inde sont des espèces idéales pour cette application. A Fidji, où il a été introduit pour la fabrication du chaume il y a plus d'une centaine d'années, le vétiver est largement utilisé pour la conservation du sol et de l'eau dans l'industrie sucrière depuis plus de 50 ans, sans montrer aucun signe d'envahissement. Le vétiver peut être facilement détruit, soit sous la vaporisation de glyphosate (Roundup), soit en coupant la plante sous la couronne.

3. CONCLUSION

En raison de ses lentes formes de croissance et surtout de son système racinare très court, C. nemoralis n'est pas appropriée pour des travaux de stabilisation des fortes pentes. Par ailleurs, aucune recherche n'ayant été menée sur ses capacités en matière d'évacuation et de traitement des eaux usées et de phytoremédiation, il est recommandé de n'utiliser que *C. zizanioides* pour les applications énumérées dans ce manuel.

4. REFERENCES

Adams, R.P., Dafforn, M.R. (1997). DNA fingerprints (RAPDs) of the pantropical grass, *Vetiveria zizanioides* L, reveal a single clone, "Sunshine," is widely utilised for erosion control. Special Paper, The Vetiver Network, Leesburg Va, USA.

Adams, R.P., M. Zhong, Y. Turuspekov, M.R. Dafforn, and J.F.Veldkamp. 1998. DNA fingerprinting reveals clonal nature of *Vetiveria zizanioides* (L.) Nash, Gramineae and sources of potential new germplasm. Molecular Ecology 7:813-818.

Greenfield, J.C. (1989). Vetiver Grass: The ideal plant for vegetative soil and moisture conservation. ASTAG - The World Bank, Washington DC, USA.

National Research Council. 1993. Vetiver Grass: A Thin Green Line Against Erosion. Washington, D.C.: National Academy Press. 171 pp.

Purseglove, J.W. 1972. Tropical Crops: Monocotyledons 1. , New York: John Wiley & Sons.

Truong, P.N. (1999). Vetiver Grass Technology for land stabilisation, erosion and sediment control in the Asia Pacific region. Proc. First Asia Pacific Conference on Ground and Water Bioengineering for Erosion Control and Slope Stabilisation. Manila, Philippines, April 1999.

Veldkamp. J.F. 1999. A revision of Chrysopogon Trin. including Vetiveria Bory (Poaceae) in Thailand and Melanesia with notes on some other species from Africa and Australia. Austrobaileya 5: 503-533.

Adams, R.P., M. Zhong, Y. Turuspekov, M.R. Dafforn, and J.F.Veldkamp. 1998. DNA fingerprinting reveals clonal nature of *Vetiveria zizanioides* (L.) Nash, Gramineae and sources of potential new germplasm. Molecular Ecology 7:813-818.

Greenfield, J.C. (1989). Vetiver Grass: The ideal plant for vegetative soil and moisture conservation. ASTAG - The World Bank, Washington DC, USA.

National Research Council. 1993. Vetiver Grass: A Thin Green Line Against Erosion. Washington, D.C.: National Academy Press. 171 pp.

Purseglove, J.W. 1972. Tropical Crops: Monocotyledons 1. , New York: John Wiley & Sons.

Truong, P.N. (1999). Vetiver Grass Technology for land stabilisation, erosion and sediment control in the Asia Pacific region. Proc. First Asia Pacific Conference on Ground and Water Bioengineering for Erosion Control and Slope Stabilisation. Manila, Philippines, April 1999.

Veldkamp. J.F. 1999. A revision of Chrysopogon Trin. including *Vetiveria Bory* (Poaceae) in Thailand and Melanesia with notes on some other species from Africa and Australia. Austrobaileya 5: 503-533.

PARTIE 2 - METHODES DE MULTIPLICATION DU VETIVER

SOMMAIRE

1. INTRODUCTION	10
2. PEPINIERE DE VETIVER	10
3. METHODES DE MULTIPLICATION	11
3.1 Diviser des plantes mûres pour produire des boutures à racine nue	11
3.2 Multiplication du vétiver à partir de parties du plant	12
3.3 Multiplication des bourgeons ou micro multiplication	14
3.4 Culture in vitro	15
4. PREPARATION DU MATERIEL DE PLANTATION	15
4.1 Sachets en plastique ou en tube	15
4.2 Plantation par mètre linéaire	15
5. PEPINIERES AU VIETNAM	16
6. REFERENCES	17

1. INTRODUCTION

Etant donné que la plupart des applications importantes font appel à un nombre élevé de plants, la qualité du matériel de plantation est importante pour réussir les applications du Système Vétiver (SV). Cela nécessite des pépinières capables de produire de grandes quantités de matériel végétal de grande qualité à faible coût. L'utilisation exclusive de cultivars de vétiver stérile *(C. zizanioides)* empêchera le vétiver envahissant de s'établir dans un nouvel environnement. Les tests ADN prouvent que le cultivar de vétiver stérile utilisé à travers le monde est génétiquement similaire aux cultivars Sunshine et Monto, tous deux originaires du Sud de l'Inde. Ce vétiver doit être multiplié végétativement en raison de sa stérilité.

2. PEPINIERES DE VETIVER

- Les pépinières fournissent du matériel végétal pour la multiplication végétale et la culture cellulaire du vétiver. Les critères suivants faciliteront l'installation de pépinières de vétiver productives et faciles à gérer :
- Type de sol : Des lits de pépinière à limon sableux permettent d'assurer une récolte facile et de moindres dégâts aux couronnes et racines de la plante. Si le limon argileux est acceptable, l'argile lourd ne l'est pas.
- Topographie : Un terrain légèrement en pente évite l'engorgement en cas de surarrosage ou de pluie. Les sites plats sont acceptables, mais l'arrosage doit être supervisé pour éviter l'engorgement, qui nuira à la croissance des plantules. Toutefois, le vétiver adulte se développera même sous des conditions d'engorgement.
- Ombre : L'air libre est recommandé, étant donné que l'ombre affecte la croissance du vétiver. Les zones partiellement ombragées sont acceptables. Le vétiver aime et a besoin beaucoup le soleil.
- layout : Le vétiver devrait être planté en longueur, en rangées perpendiculaire à la pente pour rendre la récolte mécanique plus aisée.
- Méthode de récolte : La récolte des plants mûrs peut être soit mécanique, soit manuelle. Une ma-

chine doit dessoucher les plants adultes à 20-25 cm (8-10") sous le sol. Pour éviter d'endommager la couronne du plant, utiliser une charrue à socs (versoirs) à lame (pale) unique ou une charrue à disques avec ajustement spécial.
- Méthode d'irrigation : L'aspersion sur frondaison distribuera l'eau uniformément au cours des premiers mois suivant la plantation. Les plants plus avancées aiment l'irrigation par innondation.
- Formation du personnel : Un personnel bien formé est essentiel pour la réussite d'une pépinière.
- Planteuse mécanique (semi automatique) : Un planteur mécanique permet de planter de grands nombres de boutures de vétiver dans la pépinière.
- Disponibilité de machinerie agricole : Une machinerie agricole de base est nécessaire pour préparer les lits de pépinière, lutter contre les mauvaises herbes, couper les feuilles et récolter le vétiver.

Photo 1 : Gauche : Machine à planter ; droite : plantation manuelle

3. METHODES DE MULTIPLICATION

Les quatre manières les plus courantes de multiplier le vétiver sont les suivantes :
- Diviser des talles adultes (plus que 6- 8 mois) à partir de touffes de vétiver ou plants-mères, qui donne des boutures à racine nue pouvant être immédiatement plantées ou multipliées dans des sachets de pépinière.
- Utiliser diverses parties d'un plant-mère de vétiver
- Multiplication par bourgeons ou micromultiplication pour une multiplication à grande échelle
- Multiplication in vitro en utilisant une petite partie du plant pour multiplier à grande échelle.

3.1 Division des plants adultes pour produire des boutures à racine nue
Diviser les talles à partir d'une touffe mère requièrent des soins, afin que chaque bouture comporte au moins deux à trois éclats (pousses) et une partie de la couronne. Après séparation, les éclats sont coupées à 20 cm (8") de longueur (Figure 1). Les boutures à racine nue ainsi obtenues peuvent être trempées dans divers traitements, notamment des hormones d'enracinement (de bouturage), du fumier liquide (de vache ou cheval), boue argileuse ou simplement des bassins d'eau peu profondes, jusqu'à l'apparition de nouvelles racines. Pour une croissance plus rapide, les boutures doivent être conservées dans des conditions humides et ensoleillées jusqu'à la plantation. (Photo 2)

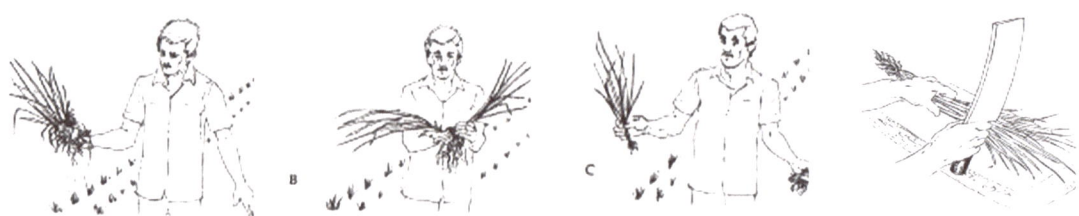

Figure 1 : Comment diviser les boutures de vétiver ?

3.2 Multiplication du vétiver à partir des parties du plant

Trois parties du plant de vétiver sont utilisées pour la multiplication (Photos 3 & 4) :
- Éclats ou pousses
- Couronne (corm), la partie dure du plant entre les pousses et les racines
- Tiges dure et rondes (culms).

Photo 2 : Boutures à racine nue prêtes à être plantées (gauche) ; boutures trempées dans de la boue argileuse ou du fumier liquide (droite)

La tige (ou chaume) est la feuille ronde (stalk) d'une herbacée. Le chaume de vétiver est solide, raide et perpendiculaire; elle présente des nœuds proéminents avec des bourgeons latéraux qui peuvent former des racines et des pousses lorsqu'ils sont exposés à l'humidité. Couché ou debout, couper des pièces de chaumes sous humidificateur ou sur du sable humide permettra aux racines ou pousses à se développer rapidement au niveau de chaque nodification. Le Van Du, Université d'Agro-Foresterie, Ho Chi Minh ville, a développé la méthode suivante en quatre étapes de multiplication du vétiver à partir de souches :
- Préparer les souches de vétiver
- Vaporiser les souches d'une solution de jacinthe d'eau à 10%
- Utiliser des sacs de plastique pour recouvrir complètement les souches et les laisser reposer pendant 24 heures,
- Tremper dans une boue argileuse ou du fumier liquide, puis planter dans un bon lit de sol préparé.

3.2.1 Préparation des souches de vétiver
Couronnes de vétiver:

Sélectionner les vieilles tiges rondes (chaumes), qui ont plus de bourgeons mûrs et de nœuds que les jeunes. Couper les chaumes en longueurs de 30-50 mm (1-2"), y compris 10-20mm (4-8") en dessous des noeuds et arracher les vieilles feuilles. S'attendre à ce que les nouvelles pousses apparaissent environ une semaine après la plantation.

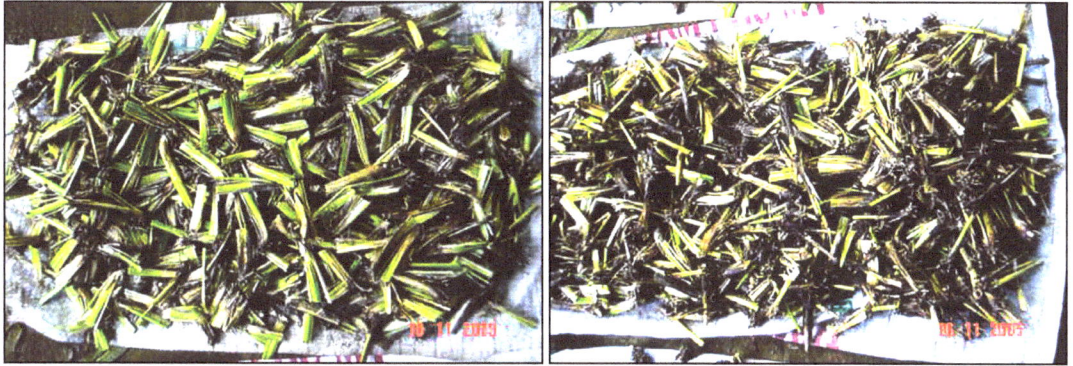
Photo 3 : Vieux éclats (gauche) et jeunes éclats (droite)

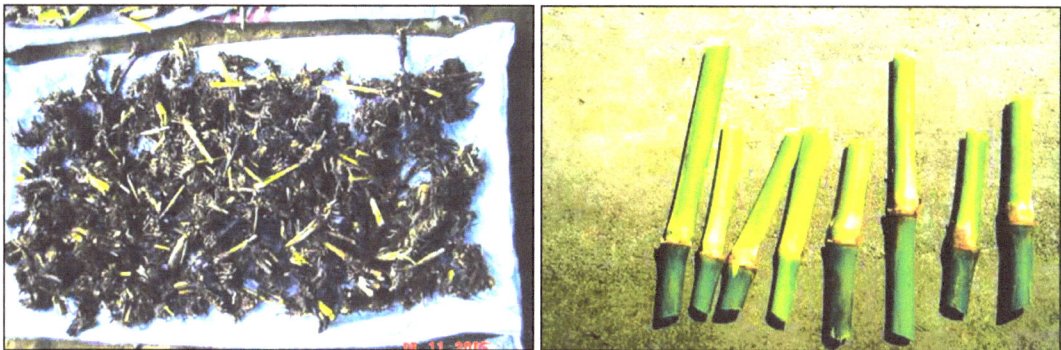
Photo 4 : Couronnes de vétiver (gauche) et pieces of vétiver culms à noeuds (droite)

Éclats de vétiver:
- Choisir des éclats bien développés disposant d'au moins trois ou quatre feuilles de bonne tailles ;
- Séparer soigneusement les éclats et veiller à bien inclure la partie de la couronne ainsi que quelques racines.

Boutures de vétiver :
La bouture est la base d'un plant de vétiver adulte à partir de laquelle vont germer de nouvelles pousses. N'utiliser que la partie supérieure de la couronne.

3.2.2 Préparation de la solution de jacinthe d'eau

Une solution de jacinthe d'eau contient beaucoup d'hormones et de régulateurs de croissance, notamment de l'acide gibbérellique et des composés indoliques. Préparation de l'hormone d'enracinement à partir de la jacinthe d'eau :
- Cueillir des jacinthes d'eau dans un lac ou un canal
- Mettre les plantes dans un sac en plastique de 20 litres et bien le fermer
- Laisser au repos pendant environ un mois jusqu'à décomposition du matériel végétal
- J'jeter les parties solides et ne garder que la solution
- Tamiser la solution et la conserver dans un endroit frais jusqu'à utilisation.

3.2.3 Traitement et plantation

Photo 5 : Vaporisation des souches avec une solution de jacinthe d'eau à 10% (gauche) et couvrir complètement les souches en ?? sacs de plastique pendant 24 heures (droite)

Photo 6 : Planter avec du fumier, dans un lit de bonne terre de pépinière

3.2.4 Avantages de l'utilisation des boutures à racine nue et des boutures ??

Avantages
- Efficace, économique et un moyen rapide de préparer le matériel de plantation
- Le volume étant faible permet un faible coûts de transport
- Facile à planter à la main
- De grands nombres de boutures peuvent être plantés mécaniquement dans de grandes zones.

Inconvénients :
- Vulnérable au désséchement et aux températures extrêmes
- Temps d'entreposage limité sur le site
- Nécessite d'être planté dans un sol humide
- Besoin d'irriguer fréquemment pendant les premières semaines
- Recommandé pour les sites de pépinière ayant un accès facile à l'irrigation.

3.3 Multiplication des bourgeons ou micro multiplication

Le Dr Le Van Be de l'université Can Tho, Can Tho City (Vietnam) a développé une méthode pratique et simple pour multiplier les bourgeons (Lê Van Bé et al, 2006). Son protocole consiste en quatre étapes de micro-multiplication, toutes en milieu liquide :
- Induire le développement de bourgeons latéraux
- Multiplier les nouvelles pousses

- Promouvoir le développement de racines sur de nouvelles pousses
- Promouvoir la croissance dans un abri ombragé ou une serre.

3.4 Culture in vitro

La culture par divisin cellulaire est un autre moyen de multiplier le matériel de plantation du vétiver en quantité, en utilisant des tissus spéciaux (soit le fin bout de racine, l'inflorescence de jeune fleur, ou bourdon nodal) du plant de vétiver. La procédure est fréquemment utilisée par l'industrie horticole internationale. Bien que les protocoles diffèrent d'un laboratoire à l'autre, la culture in vitro implique un très petit morceau de tissu, sa culture dans un milieu spécial et des conditions aseptiques et planter les plantules ainsi obtenues dans un milieu approprié jusqu'à ce qu'elles se développent complètement en petits plants. Davantage de détails figurent in Truong (2006).

4. PREPARATION DU MATERIEL A PLANTER

Pour augmenter le taux d'établissement dans des conditions hostiles, lorsque les plantules obtenues par les méthodes décrites ci-dessus sont assez mûres ou que les boutures à racines nues sont prêtes, elles peuvent être préparées à la plantation par :
- sachets en plastique ou en tube de pépinière
- "mètres linéaire".

4.1 Sachets en plastique ou en tube de pépinière
Les plantules et les boutures à racine nue sont plantées dans de petits pots ou de petits sacs en plastique contenant moitié terre et moitié mélange terreux et conservés dans les containers pendant trois à six semaines, selon la température.

Lorsqu'au moins trois nouvelles talles (pousses) apparaissent, les plantules sont prêtes à être plantés.

Photo 7 : Boutures à racine nue et tube (gauche), placement des plants dans des sachets en plastique (milieu) et plants en sachets prêts à être plantés (droite)

4.2 Plantation par mètre
Repiquage par ligne ou « mètre » linéaire est une forme modifiée des sachets en plastique. Au lieu d'utiliser des sacs individuels, les boutures à racine nue ou boutures à culm sont plantées dans de longs sillons alignés qui faciliteront le transport et la plantation. Cette pratique permet d'économiser la main-d'œuvre lorsque la plantation a lieu sur des sites difficiles comme les pentes et connaît un taux élevé de survie vu que les racines restent ensemble.

Photo 8 : Plantation par mètre (gauche) en conteneurs et retirées des conteneurs (milieu), et prêts à être plantés (droite)

4.2.1 Avantages et inconvénients des sacs en plastique et des plantation par mètre

Avantages :
- Les plants sont résistants et inaffectés par l'exposition à une température élevée et une faible humidité
- Fréquence plus faible d'irrigation après plantation
- Etablissement et croissance plus rapides après plantation
- Les plants peuvent rester sur le site plus longuement avant d'être plantés
- Recommandé pour les conditions difficiles et hostiles.

Inconvénients :
- Méthode plus chère à produire
- La préparation requiert une période plus longue de préparation, quatre à cinq semaines ou plus
- Le transport de grands volumes plus lourds est onéreux
- Coût d'entretien plus élevé après la livraison, s'ils ne sont pas plantés au bout d'une semaine.

5. PEPINIERES AU VIETNAM

Des pépinières de vétiver ont été établies avec succès dans toutes les régions du Vietnam.

Photo 9 : Au Sud, gauche : Université Can Tho ; droite : province d'An Giang

Photo 10 : Au centre sud, à Quang Ngai (gauche) et Binh Phuoc (droite)

Photo 11 : Gauche : au centre nord, Quang Binh ; droite : le long de l'autoroute de HCM

Photo 12 : Au Nord, à Bac Ninh (gauche) et Bac Giang (droite)

6. REFERENCES

Charanasri U., Sumanochitrapan S., and Topangteam S. (1996). Vetiver grass: Nursery development, field planting techniques, and hedge management. Unpublished paper presented at Proc. First International Vetiver Conf., Thailand, 4-8 February 1996.

Lê Văn Bé, Võ Thanh Tân, Nguyễn Thị Tố Uyên.(2006). Nhân Giong Co Vetiver (*Vetiveria zizanioides*). Conférence régionale sur le vétiver, Université Can Tho, Can Tho, Vietnam.

Lê Văn Bé, Võ Thanh Tân, Nguyễn Thị Tố Uyên (2006). Low cost micro-propagation of vetiver grass Proc. Fourth International Vetiver Conference, Caracas, Venezuela, October 2006

Murashige T., and Skoog F. (1962) A revised medium for rapid growth and bio assays with tobacco tissue cultures. Physiologia Plantarum 15: 473-497.

Namwongprom K., and Nanakorn M. (1992). Clonal propagation of vetiver in vitro. In: Proc. 30th Ann. Conf. on Agric., 29 Jan-1 Feb 1992 (in Thailand).

Sukkasem A. and Chinnapan W. (1996). Tissue culture of vetiver grass. In: Abstracts of papers presented at Proc. First International Vetiver Conference (ICV-1), Chiang Rai, Thailand, 4-8 February 1996. p. 61, ORDPB, Bangkok.

Truong, P. (2006). Vetiver Propagation: Nurseries and Large Scale Propagation. Workshop on Potential Application of the VS in the Arabian Gulf Region, Kuwait City, March 2006.

PARTIE 3 - LE SYSTEME VETIVER POUR LA REDUCTION DES CATASTROPHES NATURELLES ET LA PROTECTION DES INFRASTRUCTURES

SOMMAIRE

1. TYPES DE CATASTROPHES NATURELLES POUVANT ETRE REDUITES A L'AIDE DU SYSTEME VETIVER (SV)	19
2. PRINCIPES GENERAUX DE STABILITE ET DE STABILISATION DES PENTES	21
2.1 Profil des pentes	21
2.2 Stabilité des pentes	21
2.3 Types de rupture de pente	22
2.4 Impact humain sur les ruptures	23
2.5 Atténuation des ruptures de pente	23
2.6 Stabilisation végétale des pentes	25
3. STABILISATION DES PENTES A L'AIDE DU SYSTEME VETIVER	27
3.1 Caractéristiques appropriées à la stabilisation des pentes	27
3.2 Caractéristiques spéciales appropriées à l'atténuation des catastrophes liées à l'eau	29
3.3 Force ductile et de cisaillement des racines de vétiver	30
3.4 Caractéristiques hydrauliques	32
3.5 Pressions d'eau interstitielles	32
3.6 Applications du SV dans l'atténuation des catastrophes naturelles et la protection des infrastructures	33
3.7 Avantages et inconvénients du système vétiver	33
3.8 Combinaisons à d'autres types de redressement	34
3.9 Modélisation informatique	34
4. CONCEPTIONS ET TECHNIQUES APPROPRIEES	35
4.1 Précautions	35
4.2 Période de plantation	35
4.3 Pépinière	37
4.4 Préparation à la plantation du vétiver	37
4.5 Spécifications d'aménagement	37
4.6 Spécifications de la plantation	38
4.7 Maintenance	39
5. APPLICATIONS DU SV POUR LA REDUCTION DES CATASTROPHES NATURELLES ET LA PROTECTION DES INFRASTRUCTURES AU VIETNAM	40
5.1 Application SV pour la protection des dunes de sable au centre du Vietnam	40
5.2 Application SV pour lutter contre l'érosion des berges	42
5.3 Application SV pour lutter contre l'érosion côtière	46
5.4 Application SV pour stabiliser les bords de routes	47
6. CONCLUSIONS	50
7. REFERENCES	50

1. TYPES DE CATASTROPHES NATURELLES POUVANT ETRE REDUITES A L'AIDE DU SYSTEME VETIVER (SV)

En plus de lutter contre l'érosion des sols, le Système Vétiver (SV) peut réduire ou même éliminer plusieurs types de catastrophes naturelles, notamment les glissements de terrain, les coulées de boue, l'instabilité des talus routiers et l'érosion (berges, canaux, lignes de côtes, digues et talus de barrages en terre).

Lorsque les fortes précipitations saturent les roches et les sols, des glissements de terrain et des coulées de débris ont lieu dans plusieurs régions montagneuses du Vietnam. Parmi les exemples les plus représentatifs figurent des glissements de terrain catastrophiques, des coulées de débris et des inondations éclairs dans le district du Muong Lay, province de Dien Bien (1996), ainsi que le glissement de terrain sur le col de Hai Van (1999) qui a perturbé la circulation entre le Nord et le Sud pendant plus de deux semaines et a coûté plus d'un million de dollars en réparations pour la remettre en état carrossable.. Les plus grands glissements de terrain, de plus d'un million de mètres cubes (dont celui du lac Thiet Dinh, district de Hoai Nhon, province de Binh Dinh, dans les communes de An Nghiêp et An Linh, district de Tuy An, province de Phu Yen), ont coûté des vies humaines et entraîné de gros dégâts matériels.

L'érosion des berges et des côtes et les ruptures de digues surviennent continuellement à travers tout le Vietnam. Parmi les exemples typiques figurent : érosion de berges à Phu Tho, Hanoi et dans plusieurs provinces centrales du Vietnam (notamment Thua Thien Hue, Quang Nam, Quang Ngai et Binh Dinh) ; érosion côtière dans le district de Hai Hau, province de Nam Dinh ; érosion des berges et des côtes dans le delta du Mékong. Bien que ces événements et les catastrophes dues aux inondations et aux tempêtes surviennent habituellement durant la saison des pluies, l'érosion de berges à parfois lieu pendant la saison sèche, lorsque l'eau atteint son niveau le plus bas. C'est ce qui est arrivé dans le village de Hau Vien, district de Cam Lo, dans la province de Quang.

Les glissements de terrain sont plus courants dans les zones où les activités de l'homme jouent un rôle décisif. Près de 20%, soit 200 km sur plus de 1 000 km de la section Ha Tinh-Kon Tum de l'autoroute de Ho Chi Minh est hautement susceptible au glissement de terrain ou à l'instabilité de pentes, essentiellement en raison des mauvaises pratiques de construction routières et à un manque de compréhension de base des conditions géologiques défavorables. De récents glissements de terrain dans les villes de Yen Bai, Lao Cai et Bac Kan ont suivi les décisions municipales d'étendre la construction de bâtiments en autorisant des coupes de pente à forte inclinaison.

De grands séismes ont également entraîné des glissements de terrain au Vietnam, notamment celui de 1983, dans le district de Tuan Giao, et celui de 2001 sur la route reliant la ville de Dien Bien au district de Lai Chau.

D'un point de vue strictement économique, les frais de réparation de ce type de dégâts sont élevés et le budget de l'Etat pour ce type de travaux n'est jamais suffisant. En effet, le revêtement des berges coûte par exemple généralement entre 200.000 et 300.000 $US/km, parfois jusqu'à 700.000-1 million $US/km. Le remblaiement de Tan Chau dans le delta du Mékong est un cas extrême dont le coût s'élève à près de 7 millions $US/km. Il est estimé que la protection des berges dans la province de Quang Binh à elle seule nécessite une dépense de plus de 20 millions $US ; or le budget annuel s'élève à peine à 300.000 $US.

La construction de digues maritimes coûte généralement entre 700.000 et 1 million $/km, mais les sections les plus chères peuvent coûter jusqu'à 2,5 million $US/km, et ne sont pas rares. Après que la tempête No. 7 de septembre 2005 ait emporté plusieurs sections renforcées de digues, certains responsables ont conclu que même les sections conçues pour résister aux tempêtes du 9e niveau sont trop faibles et ont commencé à envisager sérieusement la construction de digues maritimes capables de résister à des tempêtes du 12e niveau, dont le coût s'élèverait entre 7 et 10 millions de dollars le kilomètre.

Il existe toujours des contraintes budgétaires, ce qui confine les mesures strictes de protection structurelle aux sections les plus fragiles, jamais à toute la longueur de la berge ou de la ligne de côte. Cette approche par bandes ne facilite pas les problèmes.

Chacun de ces événements représente un type de rupture de pente ou de mouvement en masse, reflétant le mouvement décroissant des débris des pierres et du sol en réaction aux contraintes de la gravitation. Ce mouvement peut être très lent, quasi imperceptible, ou rapidement dévastateur et visible en l'espace de quelques minutes. Etant donné que plusieurs facteurs influent sur l'occurrence des catastrophes naturelles, nous devrions comprendre les causes ainsi que les principes de base de la stabilisation des pentes. Ces informations nous permettront d'utiliser efficacement les méthodes de bioingénierie du SV pour réduire l'impact de ces catastrophes.

2. PRINCIPES GENERAUX DE STABILITE ET STABILISATION DES PENTES

2.1 Profil des pentes

Certaines pentes ont une courbe douce et d'autres sont extrêmement raides. Le profil d'une pente érodée naturellement dépend essentiellement de son type de roche et de sol, du climat et de l'angle naturel de repos du sol. Pour les roches et les sols stables aux grains résistants, particulièrement dans les régions arides, l'altération chimique est lente par rapport à l'altération physique. Le sommet de la pente est légèrement convexe à angulaire, l'escarpement est quasi vertical et une pente de débris existe à un angle de repos de 30-35°, l'angle maximal auquel les matériaux meubles d'un type spécifique de sol sont stables.

La roche et le sol non résistants, en particulier dans les régions humides, s'altèrent rapidement et s'érodent facilement. La pente qui en résulte a une épaisse couverture de sol. Son sommet est convexe et sa base concave.

2.2 Stabilité des pentes

2.2.1 Pentes terrestres naturelles, pentes coupées, talus routiers, etc.

La stabilité de ce type de pente est basée sur l'interaction entre deux types de forces, les forces d'entraînement et les forces de résistance. Les forces d'entraînement favorisent le mouvement descendant des matériaux de la pente, tandis que les forces de résistance contrecarrent ce même mouvement. Lorsque les forces d'entraînement dominent les forces de résistance, les pentes deviennent instables.

2.2.2 Erosion des berges, érosion côtière et instabilité des structures de rétention d'eau

Certains ingénieurs hydrauliciens peuvent avancer que l'érosion des berges et les structures instables de rétention d'eau devraient être traitées séparément des autres types de ruptures de pente du fait que leurs charges respectives sont différentes. A notre avis, cependant, les deux sont sujettes à la même interaction entre les "forces d'entraînement" et les "forces de résistance". Des ruptures ont lieu lorsque les premières l'emportent sur les dernières.

Toutefois, l'érosion des berges et l'instabilité des structures de rétention d'eau sont légèrement plus compliquées ; elles résultent des interactions entre les forces hydrauliques agissant sur le lit et en pied et les forces de gravitation affectant les matériaux in-situ de la berge. La rupture survient lorsque l'érosion du pied de la berge et le lit du canal adjacent à la berge a augmenrté la hauteur et l'angle de la berge au point que les forces de gravitation dépassent la résistance de cisaillement des matériaux de la berge. Après la rupture, les matériaux éboulés de la berge peuvent être directement livrés au courant et déposés comme matériaux de remplissage, dispersés ou déposés en pied de berge, soit sous forme de bloc intact, soit en agrégats plus petits et épars.

Généralement, les processus de contrôle du recul des berges fluviales sont à deux volets. L'érosion fluviale des matériaux de la berge entraîne le recul progressif de cette dernière. Par ailleurs, une élévation de la hauteur de la berge due à la dégradation du lit près de la berge et/ou à une accentuation de la raideur de la berge due à l'érosion fluviale de la berge mineure peut agir pour diminuer la stabilité de la berge en ce qui concerne l'affaissement de la masse. Selon les contraintes des propriétés de ses matériaux et de la géométrie de son profil, une berge peut s'ébouler à cause de l'un des divers mécanismes possibles, y compris les ruptures de type planaire, rotationnel et en porte-à-faux.

Parmi les mécanismes de contrôle du recul des berges non dus aux fleuves figurent les effets des vagues, du tassement et du bêchage- ainsi que les ruptures dues au sapement, liées aux berges superposées et à des conditions défavorables des eaux souterraines.

2.2.3 Forces d'entraînement

Bien que la gravité soit la principale force d'entraînement, elle ne peut agir seule. L'angle de la pente, l'angle de repos du sol spécifique, le climat, les matériaux de la pente, et plus particulièrement l'eau, contribuent à son effet :

- Les ruptures ont lieu beaucoup plus fréquemment sur les pentes raides que sur les pentes douces.
- L'eau joue un rôle capital dans la production de rupture des pente, plus particulièrement en pied de pente :
    - Dans les rivières et sous l'action des vagues, l'eau érode la base des pentes en éliminant le support, ce qui accroît les forces d'entraînement.
    - L'eau accroît également les forces d'entraînement, en remplissant d'abord les espaces poraux et les fractures vides, ce qui vient s'ajouter à la masse totale soumise à la force de gravitation.
    - La présence de l'eau entraîne une pression interstitielle qui réduit la résistance de cisaillement des matériaux de la pente. Surtout, les changements abrupts (augmentations et diminutions radicales) de la pression d'eau interstitielle peuvent jouer un rôle décisif dans les ruptures de pentes.
    - L'interaction de l'eau avec la surface de la roche et du sol (altération chimique) affaiblit lentement les matériaux de la pente et réduit sa résistance. Cette interaction réduit les forces de résistance.

2.2.4 Forces de résistance

La principale force de résistance est la résistance au cisaillement des matériaux, une fonction de cohésion (la capacité des particules à s'attirer et à se maintenir ensemble) et la friction interne (friction entre les grains à l'intérieur d'un matériau) qui s'oppose aux forces d'entraînement. Le ratio des forces de résistance-forces d'entraînement est le facteur de sécurité (FS). Si FS >1, la pente est stable. Sinon, elle est instable. Généralement, un FS de 1.2-1.3 est marginalement acceptable.

Selon l'importance de la pente et les pertes éventuelles liées à sa rupture, un FS doit être assuré. En conclusion, la stabilité des pentes est tributaire : du type de roche et de sol et de leur force, de la géométrie de la pente (hauteur, angle), du climat, de la végétation et de la période. Chacun de ces facteurs peut jouer un rôle important dans le contrôle des forces d'entraînement ou de résistance.

2.3 Types de ruptures de pente

Selon le type de mouvement et la nature du matériau impliqué, différents types de rupture de pente peuvent se produire :

Tableau 1 : Types de rupture de pente

Type de mouvement		Matériel impliqué	
		Roche	Sol
Chutes		- éboulis (chute de pierres)	- chute de sol
Glissements	Rotationnel	- effondrement en bloc de la roche	-effondrement en bloc de la la terre
	Tranlationnel	- glissement rocheux	- glissement de débris
Ecoulements	Lent	- avancement de la roche	- avancement du sol - matériaux saturés & non agglomérés - coulées de terre - coulées de boue (jusqu'à 30% d'eau) - coulée de débris - avalanche de débris
	Rapide		
Complexe	Combinaison de deux types de mouvement ou plus		

En terrain rocheux, des chutes et des glissements transitionnels (impliquant un ou plusieurs plans de faiblesses) se produisent généralement. Des glissements circulaires ou des écoulements rotationnels ont lieu lorsque le sol est plus homogène et ne montre pas de plan de faiblesse. En général, les déplacements de masse impliquent plus d'un type de mouvement, par exemple, affaissementsupérieur et débit inférieur, ou glissement du sol supérieur et glissement des roches inférieures.

2.4 Impact humain sur la rupture de pente
Les glissements de terrain sont des phénomènes naturels dus à l'érosion géologique. Des glissements de terrain ou des ruptures de pente ont lieu qu'il y ait une population avoisinante ou pas ! Cependant, les pratiques de l'homme liées à l'utilisation de la terre jouent un rôle majeur dans les processus des pentes. La conjugaison d'événements naturels incontrôlables (séismes, violents orages, etc.) et la terre altérée artificiellement (excavation de sol en pente, déforestation, construction de route, urbanisation, etc.) peuvent créer des ruptures de pente désastreuses.

2.5 Atténuation des ruptures de pente
La minimisation des ruptures de pente fait appel à trois étapes : l'identification des zones potentiellement instables ; la prévention de la rupture de pente ; la mise en œuvre de mesures correctives suite à une rupture de pente. Une compréhension approfondie des conditions géologiques est d'une importance capitale pour décider la meilleure pratique d'atténuation.

2.5.1 Identification
Les techniciens compétents identifient la rupture prospective de pente en étudiant les photographies aériennes pour localiser des glissements de terrain antérieurs ou des sites de rupture de pente et mener des investigations de terrain sur les pentes potentiellement instables.

Les zones de déplacement potentiels de masse peuvent être identifiées par des pentes raides, des plans de litage inclinés vers le fonds de la vallée, relief bosselé et creux (surfaces irrégulières, à l'aspect bosselé et couvertes de jeunes arbres), la résurgence d'eau et zones où des glissements de terrain sont déjà survenu. Ces informations sont utilisées pour établir une carte des risques montrant les zones instables sujets aux glissements de terrain.

2.5.2 Prévention

La prévention des glissements de terrain et de l'instabilité des pentes est beaucoup plus rentable financièrement que corrective. Parmi les méthodes de prévention figurent la maîtrise de l'évacuation des eaux, la réduction de l'angle et de la hauteur de pente et l'installation d'un couvert végétal, mur de soutènement, boulon d'ancrage ou béton projeté (béton de fins-agrégats appliqué à l'aide d'une pompe puissante). Ces méthodes de soutien doivent être correctement appliquées en s'assurant d'abord que la pente est intérieurement et structurellement stable, ce qui nécessite une bonne compréhension des conditions géologiques locales.

2.5.3 Correction

Certains glissements de terrain peuvent être redressés en installant un système de drainage pour réduire la pression de l'eau dans la pente et prévenir d'autres mouvements. Les problèmes d'instabilité des pentes en bordures de routes ou d'autres endroits importants nécessitent généralement un traitement coûteux. S'il est fait en temps opportun et correctement, le drainage en surface et en sous-surface peut être très efficace. Cependant, étant donné que ce type d'entretien est généralement ajourné ou complètement négligé, des mesures correctives beaucoup plus rigoureuses et onéreuses deviennent nécessaires.

Au Vietnam, des méthodes rigides de protection structurelle (bétonnage ou enrochement des berges en béton, arêtes, murs de soutènement, etc.) sont couramment utilisées pour stabiliser les pentes et les berges et lutter contre l'érosion côtière. Néanmoins, malgré leur utilisation continue pendant des décennies, les pentes continuent à se rompre, l'érosion s'aggrave, les coûts d'entretien augmentent. Quelles sont donc les principales faiblesses de ces mesures ? D'un point de vue strictement économique, les mesures rigides sont très coûteuses et les budgets étatiques ou municipaux pour de tels projets ne sont jamais suffisants. Une analyse technique et environnementale soulève les questions suivantes les concernes suivants :

- L'évidage de la roche/béton survient ailleurs et inflige indubitablement des dégâts à l'environnement;
- Les dispositifs structurels rigides localisés n'absorbent pas l'énergie du débit/de la vague. Etant donné que des structures rigides ne peuvent pas suivre le tassement local, elles provoquent de fortes inclinaisons. Ces dernières entraînent encore plus de turbulence, et donc plus d'érosion. Par ailleurs, les dispositifs étant localisés, ils finissent fréquemment de manière abrupte ; ils ne transitent pas progressivement et en douceur vers la berge naturelle. Par conséquent, ils transfèrent simplement l'érosion à un autre endroit, au côté opposé ou en aval, ce qui aggrave la catastrophe, plutôt que de la réduire pour l'ensemble du cours d'eau. Des exemples similaires abondent dans plusieurs provinces du centre du Vietnam ;
- Les mesures structurelles rigides introduisent des quantités considérables de pierres, de sable, de ciment dans le réseau hydrographique, déplaçant et déposant de grands volumes du sol de la berge dans le cours d'eau. Lorsque ce dernier est envasé, sa dynamique change, son lit monte et les problèmes de crues et d'érosion des berges augmentent. Ce problème est particulièrement grave au Vietnam où les ouvriers jettent les résidus du sol directement dans le fleuve en remodelant la berge. Ils déversent souvent de la pierre directement dans le cours d'eau pour stabiliser le pied de la rive instable, ou essaient de disposer des rochers dans le lit de la rivière, ce qui réduit de façon considérable la profondeur du tirant d'eau (canal). Lorsque les remblais finissent par s'affaisser, les décombres rocheux, les arêtes, etc. sont dispersés dans l'eau, ce qui entraîne une aggravation de l'état du lit de la rivière causée par l'homme ;
- Les structures rigides ne sont ni naturelles ni compatibles avec la formation tendre des sols d'érosion ou des sols érodables. Lorsque le terrain est consolidé et/ou érodé et emporté, il coupe et sape la couche supérieure rigide. Parmi les exemples figure la rive droite immédiatement en aval de Thach Nham Weir (province de Quang Ngai) qui s'est fissurée et effondrée. Les ingénieurs qui remplacent les plaques de béton par de l'enrochement avec ou sans cadres de béton ne règlent pas le problème

de l'érosion en sous-surface. Le long de la digue maritime de Hai Hau, toute la section enrochée s'est effondrée lorsque le sol de la fondation en-dessous avait été emporté ;
- Les structures rigides ne réduisent que temporairement l'érosion. Elles ne peuvent pas aider à stabiliser la berge lorsqu'ont lieu de grands glissements de terrain à forte rupture ;
- Les murs de soutènement en béton ou en roche sont probablement la méthode d'ingénierie la plus couramment utilisée pour stabiliser les talus routiers au Vietnam. La plupart de ces murs sont passifs et ne font que subir simplement les ruptures des pentes. Lorsque les pentes finissent par se rompre, les murs s'écroulent aussi, comme dans diverses zones le long de l'autoroute de Ho Chi Minh. Ces structures sont également détruites par les séismes.

Bien que les structures rigides comme les enrochements soient manifestement inadaptés pour certaines applications, comme la stabilisation des dunes de sable, ils continuent à être construits, comme on peut l'observer le long de la nouvelle route au centre du Vietnam.

2.6 Stabilisation végétale des pentes
La végétation a été utilisée pendant des siècles comme un outil naturel de bioingénierie pour bonifier la terre, lutter contre l'érosion et stabiliser les pentes et sa popularité a nettement augmenté au cours des dernières décennies. Cela est dû au fait que les ingénieurs disposent actuellement davantage d'information sur la végétation, ainsi qu'à la rentabilité et au respect de l'environnement de cette approche d'ingénierie "douce".

Sous l'impact de divers facteurs présentés ci-dessus, une pente deviendra instable en raison : (a) d'une érosion de surface ou 'érosion en nappes' ; (b) de faiblesses structurelles internes. Lorsqu'elle n'est pas contrôlée, l'érosion en nappes mène souvent à l'érosion en rigoles et en ravins qui finira par déstabiliser la pente au fil du temps ; la faiblesse structurelle finira par causer des mouvements en masse ou des glissements de terrain. L'érosion en nappe pouvant aussi causer des ruptures de pente, une protection de la surface doit être considérée aussi importante que les autres renforcements structurels, mais son importance est souvent négligée. Protéger la surface de la pente est une mesure préventive efficace, économique et essentielle. Dans de nombreux cas, l'application de certaines mesures préventives assurera une stabilité continue à la pente et coûtera toujours moins cher que les mesures correctives.

La couverture végétale fournie par l'enherbement, l'hydro-ensemencement ou l'hydro-paillage est habituellement assez efficace contre l'érosion en nappe et petites rigoles, et les plantes à racines profondes comme les arbres et les arbrisseaux peuvent assurer un certain renforcement structurel au terrain. Cependant, sur les pentes nouvellement créées, la couche de surface n'est pas toujours bien consolidée ; ainsi, même si les pentes ont une bonne couverture, l'érosion en rigoles et en ravins peut se produire. Les arbres à racines profondes poussent lentement et sont souvent difficiles à fixer dans un territoire aussi hostile. Dans ces cas, les ingénieurs maudissent souvent l'inefficacité de la couverture végétale et installent un renforcement structurel peu de temps après la construction. En conclusion, la protection traditionnelle de la surface de la pente fournie par des herbes locales et les arbres ne peuvent pas, la plupart des cas, assurer la stabilité nécessaire.

2.6.1 Avantages, inconvénients et limites de la plantation végétale sur les pentes

Tableau 2 : Effets physiques généraux de la végétation sur la stabilité des pentes

Effet	Caractéristiques physiques
Avantages	
Renforcement des racines, voûtage du sol, soutien, ancrage, arrêt la chute de rochers par des arbres	Ratio de la masse racinaire, distribution et morphologie des racines ; force ductile des racines ; espacement, diamètre et enfouissage des arbres, épaisseur et inclinaison des strates élastiques ; propriétés de résistance de cisaillement des sols
Pénurie de l'humidité du sol et augmentation de la tension capillaire ? by root uptake and transpiration	Teneur du sol en humidité ; niveau de la nappe souterraine; pression de pore/tension capillaire
Interception des pluies par le feuillage, notamment des pertes par évaporation	Précipitations nettes sur les pentes
Augmentation de la résistance hydraulique dans les canaux d'irrigation et de drainage	Coefficient Manning
Inconvénients	
Coincement des racines par les blocs de rocher près de la surface et arrachage par les cyclones	Ratio de masse racinaire, distribution et morphologie
Surcharge de la pente par de grands arbres lourds (parfois avantageux selon les situations)	Poids moyen de la végétation
Charge exercée par le vent	Le design en fonction de la vitesse de vent provenant de l'autre sens; hauteur moyenne des arbres adultes pour les groupes d'arbres
Maintien de la capacité d'infiltration	Variation de la teneur en eau du sol avec la profondeur

Tableau 3 : Limitations de l'angle de la pente sur l'établissement de la végétation

Pente angle (degrés)	Type de végétation	
	Herbe	Arbrisseaux/arbres
0 – 30	Facile à planter ; les techniques habituelles de plantation peuvent être utilisées	Facile à planter ; les techniques habituelles de plantation s peuvent être utilisées
30 – 45	De plus en plus difficile pour des repousses ou du turfgrass; application habituelle pour l'hydro ensemencement	De plus en plus difficile à planter
> 45	Exige des considérations speciales	Plantation sur banquettes pré-établi

2.6.2 Stabilisation végétale des pentes au Vietnam

Dans une moindre mesure, des solutions végétales plus douces ont également été utilisées au Vietnam. La méthode de bioingénierie la plus populaire pour lutter contre l'érosion des berges est probablement la plantation de bambou (la pire mesure qui puisse être prise ; lors des crues, une fois que les touffes de bambou redescendent la rivière, elles peuvent emporter des ponts ou tout ce où elles se retrouvent attrapées. Elles ont une force ductile si élevée qu'elles ne se désintègrent pas). Pour lutter contre l'érosion côtière, la mangrove, le casuarinas (pin australien), l'ananas sauvage et le palmier nipa sont également utilisés. Toutefois, ces plantes présentent souvent des insuffisances importantes :

- Poussant en touffes, le bambou, dont la structure de racine est peu profonde, ne forme pas des rangées serrées. Par conséquent, l'eau des crues se concentre dans les vides entre les touffes, ce qui augmente son pouvoir destructif et cause encore plus d'érosion ;
- La partie supérieure du bambou est lourde. Son système racinaire peu profond (1-1.5 m de profondeur) n'équilibre pas le feuillage élevé et lourd. Par conséquent, les touffes de bambou ajoutent de la pression à la berge, sans contribuer à sa stabilité ;
- Le système racinaire du bambou destabilise fréquemment le sol en-dessous, ce qui encourage l'érosion et crée les conditions pour des plus grands glissements de terrain. Plusieurs provinces du centre du Vietnam affichent des exemples de rupture de berge suite à l'installation de vastes bandes de bambou ;
- Les arbres du mangrove, là où ils réussissent à pousser, forment un solide tampon réduisant le force des vagues, ce qui à son tour réduit l'érosion côtière. Cependant, il est difficile et lent d'établir la mangrove car les souris mangent ses semis. Généralement, sur les centaines d'hectares plantés, seul un petit pourcentage survit pour se transformer en forêt. Cela a été récemment signalé dans la province de Ha Tinh ;
- Les arbres de casuarinas ont longtemps été plantés sur des milliers d'hectares de dunes de sable dans le centre du Vietnam. L'ananas sauvage est également planté le long des berges de rivières, de cours d'eau et de canaux et le long des lignes de contour des pentes de dunes. Bien qu'elles réduisent la force du vent et minimisent les tempêtes de sable, ces plantes ne peuvent pas enrayer les coulées de sable parce qu'elles ont un système racinaire peu profond et ne forment pas des haies serrées. Malgré la plantation d'arbres de casuarinas et d'ananas sauvage au sommet des digues de sable le long des canaux d'écoulement dans la province de Quang Binh, des bandes de sable continuent à envahir les terres arables. Par ailleurs, les deux plantes sont sensibles au climat ; les jeunes plants de casuarinas survivent à peine aux hivers sporadiques, mais extrêmement froids (moins de - 15°C/5°F), et l'ananas sauvage ne peut survivre aux étés torrides du Nord Vietnam.

Heureusement, le vétiver pousse rapidement, réussit à s'établir dans des conditions hostiles et son système racinaire très profond et important assure une force structurelle en une période de temps relativement courte. Le vétiver peut donc constituer une alternative adaptée à la végétation traditionnelle, à condition que les techniques d'application suivantes soient maîtrisées et soigneusement respectées.

3. STABILISATION DES TALUS A L'AIDE DU SYSTEME VETIVER

3.1 Caractéristiques de vétiver adaptées à la stabilisation des talus
Les propriétés uniques du vétiver ont été recherchées, testées et développées à travers le monde tropical, démontrant que cette plante est réellement un outil de bioingénierie très efficace :
- Bien que techniquement il s'agisse d'une herbacée les plantes de vétiver utilisées pour les applications de stabilisation des terres se comportent plus comme des arbres ou des arbrisseaux à la croissance rapide. Les racines de vétiver sont, par unité de surface, plus fortes et plus profondes que les racines d'arbres.
- Le système racinaire extrêmement profond et massif finement structuré du vétiver peut s'étendre de deux à trois mètres (six à neuf pieds) en profondeur au cours de la première année. Sur les pentes de remblais, diverses expérimentations montrent que cette plante peut atteindre 3,6 m (12 pieds) en 12 mois. (Il faut noter que le vétiver ne pénètre certainement pas profondément dans la nappe aquifère; sur les sites avec un niveau élevé d'eaux souterraines, son système racinaire peut donc ne pas s'étendre aussi profondément que dans un sol plus sec). Le système racinaire profond et épais du vétiver se noue au sol, ce qui le rend très difficile à déloger et extrêmement tolérant à la sécher-

esse.
- Aussi fortes, sinon plus, que les racines de beaucoup d'espèces à bois dur, les racines de vétiver ont une très grande force ductile qui s'est révélée positive pour le branchement racinaire dans les fortes pentes.
- Ces racines ont une force ductile moyenne testée d'environ 75 Mega Pascal (MPa), qui équivaut à 1/6 d'acier doux d'armature et un incrément de résistance de cisaillement de 39% à une profondeur de 0,5 m (1,5 pied).
- Les racines de vétiver peuvent pénétrer un profil de sol compacté comme le calcin et les blocs d'argile compacte et dure courants dans les sols tropicaux, permettant un bon ancrage aux terres rapportées et aux sols superficiels.
- Plantés en rangs serrés, les plants de vétiver forment d'épaisses haies qui réduisent la vélocité des flots, épandent et détournent les eaux d'écoulement et créent un filtre très efficace qui lutte contre l'érosion. Les haies ralentissent l'écoulement, laissant ainsi plus de temps à l'eau de pénétrer dans le sol.
- Agissant comme un filtre très efficace, les haies de vétiver contribuent à réduire la turbidité du ruissellement de surface.
- Etant donné que de nouvelles racines se développent à partir des doulations lorsqu'elles sont enterrées par des sédiments piégés, le vétiver continue à pousser avec le nouveau niveau du sol. Des terrasses se formant devant les haies ; ces sédiments ne doivent jamais être retirés. Les sédiments fertiles contiennent généralement des graines de plantes locales, ce qui facilite leur re-établissement.
- Le vétiver tolère des variations climatiques et environnementales extrêmes, notamment la sécheresse prolongée, l'inondation et l'immersion et des températures extrêmes allant de - 14° C à 55° C (7° F à 131° F) (Truong et al, 1996).
- Cette herbacée repousse très rapidement après une sécheresse, le gel, le sel et d'autres conditions défavorables du sol lorsque les effets adverses ont disparu.
- Le vétiver affiche un très haut niveau de tolérance à l'acidité, salinité, sodicité et acide sulfate, et conditions d'acidosulfatés du sol (Le van Du and Truong, 2003).

Le vétiver est efficace lorsqu'il est planté en rangées étroites sur les courbes à niveaux. Les courbes à niveaux en vétiver peuvent stabiliser des pentes naturelles, des pentes coupées et des remblais. Son système racinaire profond et vigoureux aide à stabiliser structurellement les pentes tandis que ses pousses dispersent le ruissellement de surface, réduisent l'érosion et piègent les sédiments en facilitant la croissance des espèces indigènes. Photo 1.

Photo 1 : Le vétiver forme un biofiltre épais et efficace au-dessus (gauche) et au-dessous du sol (droite)

Hengchaovanich (1998) a également observé que le vétiver peut pousser à la verticale sur les pentes de plus de 150% (~56°). Sa croissance rapide et son remarquable pouvoir de renforcement en font un meilleur candidat que les autres plantes pour la stabilisation des pentes. Une autre caractéristique moins évidente qui le distingue des autres plantes à racines est sa capacité de pénétration. Sa force et sa vigueur lui permettent de pénétrer des sols difficiles, les terrains durs ou les strates rocheuses à points faibles. Il réussit parfois même à percer des chaussées bétonnées bitumées. Le même auteur caractérise les racines de vétiver comme des pointes vivantes de la terre ou des chevilles de 2-3 m (6-9 pieds) communément utilisées dans 'l'approche dure' de stabilisation des pentes. Combiné à sa capacité de s'établir rapidement dans des conditions de sol difficiles, ces caractéristiques rendent le vétiver plus adapté à la stabilisation des pentes que les autres plantes.

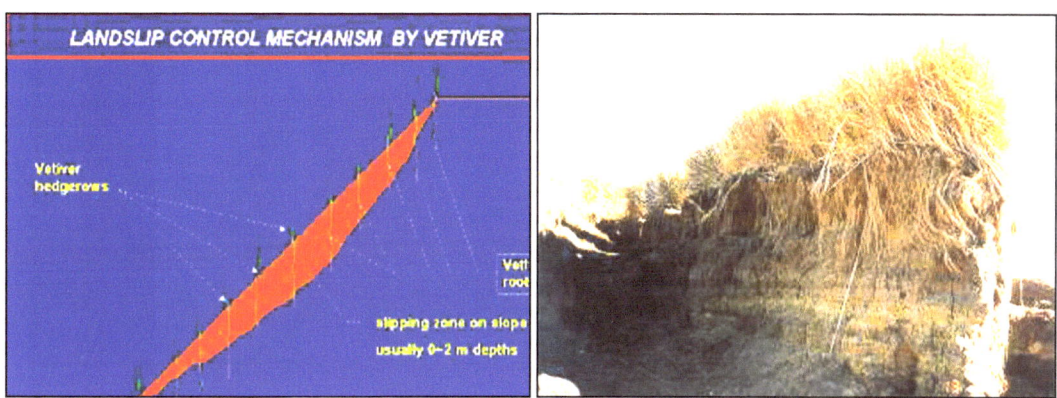

Figure 1 : Gauche : Principes de stabilisation des pentes par le vétiver ; droite : les racines de vétiver renforcent ce barrage ont empêché qu'il soit emporté par les crues

3.2 Caractéristiques spéciales du vétiver adaptées à l'atténuation des catastrophes liées à l'eau

Pour réduire l'impact des catastrophes liées à l'eau comme les crues, l'érosion des berges et l'érosion des côtes et l'instabilité des barrages et des digues, le vétiver est planté en rangées, soit parallèlement, soit à contre-courant du débit d'eau ou de la direction des vagues. Ses caractéristiques uniques sont très utiles :

- Etant donné la profondeur et la force extraordinaires de sa racine, le vétiver mûr est extrêmement résistant à des débits à forte vitesse. Le vétiver planté au nord du Queensland (Australie) a résisté à une vitesse de débit supérieure à 3,5m/sec (10'/sec) d'un rivière en crue et, au sud du Queensland, jusqu'à 5 m/sec (15'/sec) dans un canal de drainage inondé.
- Lorsque le débit est peu profond ou à faible vitesse, les tiges hautes et dures du vétiver agissent comme une barrière qui réduit la vitesse du débit (c'est-à-dire qui augmentent la résistance hydraulique) et piègent les sédiments érodés. En fait, le vétiver peut maintenir sa position verticale dans un débit d'une profondeur de 0,6-0,8 m (24-31").
- Les feuilles de vétiver plieront sous un débit profond et à grande vitesse, fournissant ainsi une protection supplémentaire à la surface du sol tout en réduisant la vitesse du débit.
- Lorsqu'elles sont plantées sur des structures de rétention d'eau comme les barrages ou les digues, les haies de vétiver contribuent à réduire la vitesse du débit, à diminuer l'élan des vagues, le déversement et enfin le volume d'eau qui s'écoule dans la zone protégée par ces structures. Ces haies peuvent aider à réduire l'érosion dite rétrogressive qui arrive souvent lorsque le flux de l'eau ou de la vague se retire après être passé par dessus les structures de rétention d'eau.
- En tant que plante des zones humides, le vétiver résiste à l'immersion prolongée. La recherche chinoise montre que le vétiver peut survivre plus de deux mois sous des eaux claires.

3.3 Force ductile et de cisaillement des racines de vétiver

Hengchaovanich et Nilaweera (1996) montrent que la force ductile des racines de vétiver augmente avec la réduction du diamètre des racines, impliquant que des racines plus fortes et plus fines assurent une plus grande résistance que des racines plus épaisses.

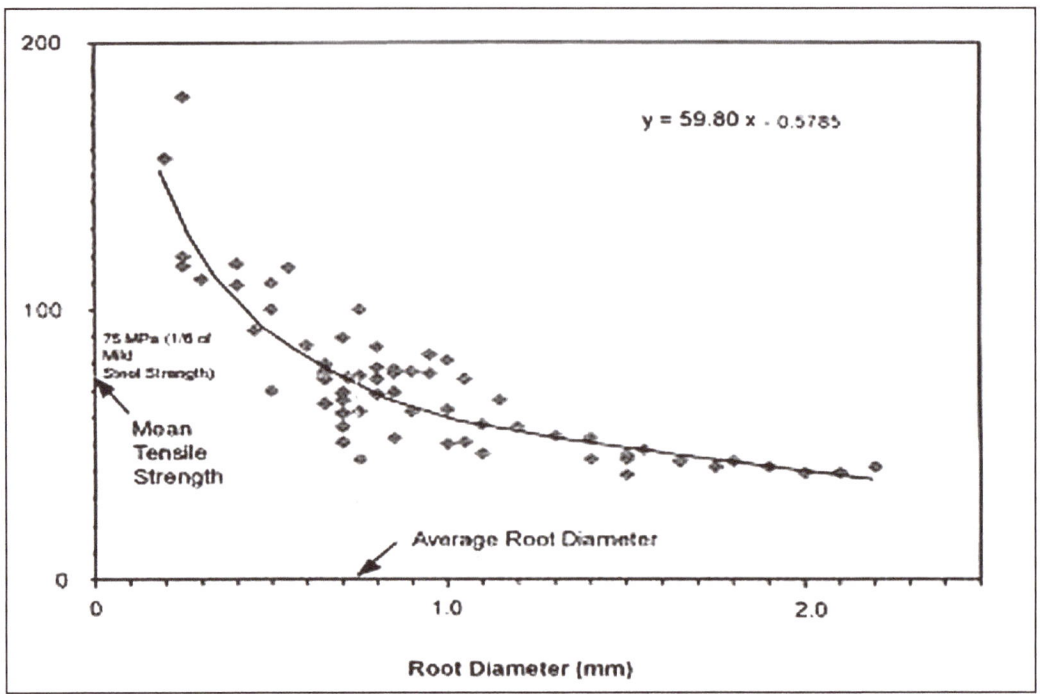

Figure 2 : Distribution par diamètre de la racine.

Tableau 4 : Force ductile de certaines racines de plantes

Nom botanique	Nom courant	Force ductile (MPa)
Salix spp	Saules	9-36
Populus spp	Peupliers	5-38
Alnus spp	Aunes	4-74
Pseudotsuga spp	Sapin Douglas	19-61
Acer sacharinum	Erable argenté	15-30
Tsuga heterophylia	Pruche occidentale	27
Vaccinum spp	Airelle myrtille Huckleberry	16
Hordeum vulgare	Orge commune	
Mousses Forbs	15-31	
2-20		
2-7kPa		
Chrysopogon zizanioides	Le vétiver	40-120 (moyenne 75)

La force ductile des racines de vétiver varie entre 40-180 MPa dans l'éventail de diamètre racinaire entre 0,2-2,2 mm (.008-.08"). Sa force ductile moyenne est d'environ 75 MPa à 0,7-0,8 mm (.03") de diamètre racinaire, qui est la taille la plus courante des racines de vétiver, et qui équivaut à environ un sixième de l'acier doux. Les racines de vétiver sont donc aussi fortes ou même plus fortes que celles de beaucoup d'espèces à bois dur qui se sont révélées positives pour le renforcement des pentes. Figure 2 et Tableau 4. Dans un test, Hengchaovanich et Nilaweera (1996) ont également découvert que la pénétration des racines d'une haie de vétiver âgée de deux ans avec 15 cm (6") d'espacement entre les plantes peut augmenter.

Dans un test d'un bloc de terre, Hengchaovanich and Nilaweera (1996) ont également découvert que la pénétration racinaire d'une haie de vétiver âgée de deux ans avec 15cm (6") d'espacement entre les plants renforce l'intégrité des sols avoisinant de 50 cm (20") en ordre 90% et a 0,25 m (10") de profondeur. L'augmentation était de 39% à 0,50 m (1.5') de profondeur et a progressivement réduit à 12,5% à un mètre (3') de profondeur. En outre, le système racinaire dense et massif du vétiver offre une meilleure résistance de cisaillement augment par unité de concentration de fibre(6-10 kPa/kg de racine par mètre cube de sol) contre 3,2-3,7 kPa/kg pour les racines d'arbre (Fig.3). Les auteurs ont expliqué que lorsqu'une racine de plante pénètre a travers deux surfaces de sols de force ductile différente, la distorsion des zone ductile développent de la tension dans la racine; la composante de cette tension tangential augmente la pression de confinement sur le plan de cisaillement.

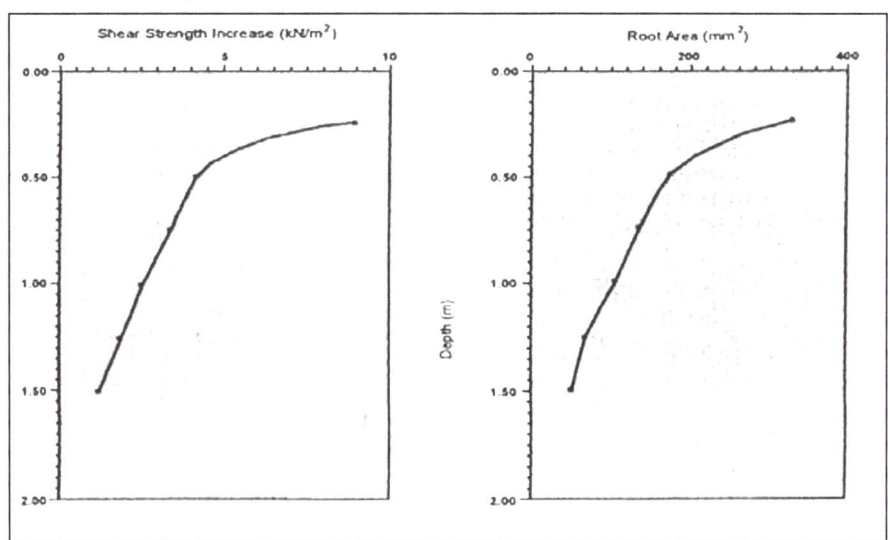

Figure 3 : Résistance de cisaillement des racines de vétiver

Tableau 5 : Diamètre et force ductile de la racine de différentes herbes

Plants	Diamètre moyen des racines (mm)	Force ductile moyenne (MPa)
Late Juncellus	0,38±0,43	24,50±4,2
Paspalum dilatatum	0,92±0,28	19,74±3,00
Trèfle blanc	0,91±0,11	24,64±3,36
Vétiver	0,66±0,32	85,10±31,2
Eremochloa ophiuroides	0,66±0,05	27,30±1,74
Herbe de Bahia	0,73±0,07	19,23±3,59
Gazon de Manille	0,77±0,67	17,55±2,85
Herbe des Bermudes	0,99±0,17	13,45±2,18

Cheng et al (2003) ont complété les recherches de Diti Hengchaovanich sur la force racinaire en effectuant de nouveaux tests sur d'autres herbes. Tableau 5. Bien que le vétiver soit calssé en deuxième pour la finesse de ses racines, sa force ductile est quasiment trois fois supérieure que celles de toutes les plantes testées.

3.4 Caractéristiques hydrauliques

Lorsqu'ils sont plantés en rangées, les plants de vétiver forment d'épaisses haies ; leurs tiges raides permettent à ces haies de rester raid au moins 0,6-0,8 m (2-2,6'), constituant ainsi une barrière vivante pour ralentir et épandre les eaux de ruissellement. Correctement plantées, ces haies sont des structures efficaces qui épandent et détournent les eaux de ruissellement vers les zones stables ou les canalisations adéquates à une bonne évacuation.

Des tests en canal menés à l'université du Sud du Queensland pour étudier la conception et l'incorporation de haies de vétiver dans l'aménagement de cultures en bande pour l'atténuation des crues ont confirmé les caractéristiques hydrauliques des haies de vétiver soumises à de profonds débits. Figure 4. Les haies ont réussi à réduire la vitesse de la crue et à limiter le mouvement du sol ; les bandes en jachère ont subi très peu d'érosion, et une jeune culture de sorgo a été complètement protégée des dégâts de la crue (Dalton et al, 1996).

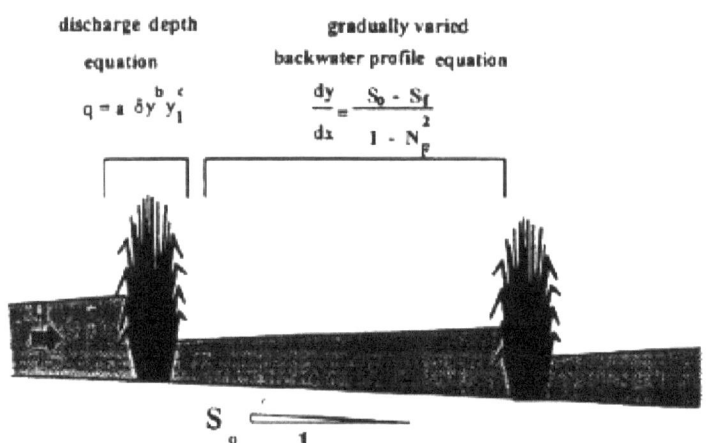

q = décharge par unité de largeur
y = profondeur du coulement
y1 = profondeur en amont
So= pente du terrain
Sf = énergie de la pente
Nf= le chiffre Fronde du coulement

Figure 4 : Modèle hydraulique des inondations à travers les haies de vétiver

3.5 Pressions d'eau interstitielles

Le couvert végétal des terrains en pente augmente l'infiltration de l'eau. Des inquiétudes ont été soulevées sur le fait que le supplément d'eau puisse augmenter les pressions d'eau interstitielles dans le sol et entraîner une instabilité des pentes. Cependant, les observations de terrain montrent de réelles améliorations. En premier lieu, planté sur les courbes à niveaux ou des patterns modifiés des lignes qui piègent et épandent les eaux de ruissellement sur la pente, le système racinaire bien étalé du vétiver distribue le surplus d'eau plus uniformément et progressivement et aide à empêcher l'accumulation localisée.

En second lieu, l'augmentation probable de l'infiltration est contrebalancée par un taux plus élevé et plus graduel du tarissement de l'eau du sol par l'herbe. La recherche sur la concurrence de l'humidité du sol dans les cultures en Australie (Dalton et al, 1996) montre que, dans des conditions de faibles précipitations, cette pénurie réduirait l'humidité du sol jusqu'à 1,5 m (4,5') à partir des haies. Ce qui accroît l'infiltration de l'eau dans cette zone, permettant ainsi de réduire les eaux de ruissellement et le taux d'érosion. Dans une perspective géotechnique, ces conditions aident à maintenir la stabilité des pentes. Sur les fortes (30-60°) pentes, l'espace entre les rangées à 1 m (3') IV (intervalle vertical) est très étroit. Par conséquent, la réduction d'humidité serait plus importante et améliorerait davantage le processus de stabilisation de la pente. Toutefois, pour réduire cet effet éventuellement nuisible du vétiver sur les pentes raides dans les zones sujettes aux très fortes précipitations, des haies de vétiver peuvent être plantées, comme une mesure de précaution, sur une inclinaison d'environ 0,5% selon les courbes de niveau terrassés pour détourner le supplément d'eau vers des bouches de drainage (Hengchaovanich, 1998).

3.6 Applications du SV pour l'atténuation des catastrophes natuelles et la protection des infrastructures
Vu ses caractéristiques uniques, le vétiver est utile pour lutter contre l'érosion sur les talus et autres pentes dans le domaine de la construction routière, et particulièrement efficace dans les sols hautement érodables et sujets à la dispersion, comme les sols sodiques, alcalins, acides et acido-sulfates. La plantation du vétiver s'est révélée efficace en mature de lutte contre l'érosion ou de stabilisation sous les conditions suivantes :

- Stabilisation des pentes le long des autoroutes et des voies ferrées. Particulièrement efficace le long des routes rurales de montagne, où les communautés n'ont pas les moyens de financer la stabilisation des routes en pente et où le vétiver est souvent utilisé pour la construction routière.
- Stabilisation des remblais des digues et des barrages, réduction de canaux, érosion des berges et érosion côtière et protection des structures dures elles-mêmes (enrochement, murs de soutènement en béton, gabions, etc.).
- Pente au-dessus des entrées et sorties de ponceau (ponceaux, culées).
- Interface entre les structures de ciment et de pierre et les surfaces de sol érodable.
- Comme filtre de séparation pour piéger les sédiments aux entrées des ponceaux.
- Pour réduire l'énergie aux sorties des ponceaux.
- Pour stabiliser l'érosion des têtes de puisard, lorsque les haies de vétiver sont plantées sur les lignes de contour au-dessus des têtes de puisard.
- Pour éliminer l'érosion causée due à l'action des vagues, en plantant quelques rangées de vétiver au bord de l'échelle supérieure du tirant d'eau sur les remblais des barrages des grandes exploitation ou les berges des rivières.
- Dans les plantations forestières, pour stabiliser les épaulements des routes d'accès sur les pentes très accentuées ainsi que les ravins (sentiers/chemins) qui se développent selon les récoltes.

Etant donné ses caractéristiques uniques, le vétiver permet de lutter efficacement contre les catastrophes liées à l'eau comme les crues, l'érosion côtière et l'érosion des berges, l'érosion des barrages et des digues et l'instabilité en général. Il protège aussi les ponts, culées et ponceaux et interfaces entre les structures en béton ou en pierre et le sol. Le vétiver est particulièrement efficace dans les zones où le remblai est hautement érodable et susceptible de dispersion, comme les sols sodiques, alcalins et acides (notamment acido-sulfates).

3.7 Avantages et inconvénients du système vétiver
Avantages :
- L'avantage majeur du SV par rapport aux méthodes conventionnelles d'ingénierie est son faible coût et sa longévité.
- Pour la stabilisation des pentes en Chine, par exemple, l'épargne est de l'ordre de 85-90% (Xie, 1997 et Xia et al, 1999). En Australie, l'avantage lié au coût du SV par rapport aux méthodes conventionnelles d'ingénierie varie de 64% à 72%, selon la méthode utilisée (Braken and Truong 2001). Son coût maximal ne représente que 30% du coût des mesures traditionnelles. En outre, les coûts d'entretien annuels sont significativement réduits une fois que les haies de vétiver sont établies.
- Comme avec les autres techniques de bio-ingénierie, le SV est un moyen naturel, non nuisible à l'environnement, de lutte contre l'érosion et de stabilisation des terres qui 'adoucit' l'aspect sévère des structures conventionnelles d'ingénierie comme les structures en béton et en pierre. Cela est

particulièrement important dans les zones urbaines et semi-rurales où les communautés locales décrient l'apparence peu esthétique des infrastructures de développement.
- Les coûts d'entretien à long terme sont faibles. Contrairement aux structures conventionnelles d'ingénierie, la technologie verte s'améliore au fur et à mesure que la couverture végétale s'installe. Le SV requiert un programme d'entretien au cours des deux premières années ; mais une fois établi, il ne nécessite pratiquement pas d'entretien. L'utilisation du vétiver est par conséquent particulièrement bien adaptée aux zones reculées où l'entretien est coûteux et difficile.
- Le vétiver est très efficace dans les sols pauvres et très érodables et sujets à la dispersion.
- Le SV est particulièrement bien adapté aux zones de main-d'œuvre à faible coût.
- Les haies de vétiver sont une technique naturelle et bio-ingénierie douce ; une alternative écologique aux structures rigides ou dures.

Inconvénients :
- Le principal inconvénient des applications du SV est l'intolérance de la plante à l'ombre, particulièrement lors de sa phase d'établissement. L'ombrage partiel nuit à sa croissance ; un ombrage important peut l'éliminer à long terme en réduisant sa capacité à être en compétition avec des espèces plus tolérantes à l'ombre. Toutefois, cette faiblesse pourrait être souhaitable dans des situations où la stabilisation initiale nécessite une plante pionnière pour améliorer la capacité du micro-environnement à accueillir l'introduction d'espèces endémiques indigènes spontanées ou planifié.
- Le Système Vétiver n'est efficace que lorsque les plantes sont bien établies. Une plantation efficace nécessite une période d'établissement initiale de 2 à 3 mois par temps chaud et 4-6 mois par temps plus frais. Ce retard peut être réglé à condition de planter tôt et en saison sèche.
- Les haies de vétiver ne sont totalement efficaces que lorsque les plantes forment des rangs serrés. Les vides entre les touffes doivent être re-plantés en temps opportun.
- Il est difficile de planter et d'arroser la végétation sur des pentes très élevées ou raides.
- Dans certain cas ou il n'y aucune autre végétation, le vétiver nécessite d'être protégé du bétail pendant sa phase d'établissement.

En se basant sur ces considérations, les avantages liés à l'utilisation du SV comme outil de bio-ingénierie l'emportent sur ses inconvénients, en particulier lorsque le vétiver est utilisé comme une espèce pionnière. Les témoignages à travers le monde viennent appuyer l'utilisation du SV à stabiliser les remblais. Le vétiver a été utilisé avec succès pour stabiliser les bords de routes, entre autres, dans les pays suivants : Australie, Brésil, Amérique centrale, Chine, en Ethiopie, Fidji, Inde, Italie, Madagascar, Malaisie, Philippines, Afrique du Sud, Sénégal, Sri Lanka, Venezuela, Vietnam et les Antilles. Combiné à des applications géotechniques, le vétiver a été utilisé pour stabiliser des remblais au Népal et en Afrique du Sud.

3.8 Combinaison à d'autres types de redressement
Le vétiver est efficace à la fois en lui-même et combiné à d'autres méthodes traditionnelles. Par exemple, sur une section donnée de berge ou de digue, un enrochement en roche ou en béton peut renforcer la partie sous l'eau, et le vétiver peut renforcer la partie supérieure. Cette application en tandem constitue un facteur de stabilité et de sécurité. Le vétiver peut aussi être planté avec le bambou, une plante traditionnellement utilisée pour protéger les berges. L'expérience montre que l'utilisation du seul bambou présente plusieurs désavantages qui peuvent être surmontés par l'ajout du vétiver. Comme mentionné précemment, des bottes de bambou déracinées par les courants d'eau ont créer de graves problèmes sur les rivières à ponts aux passages à niveau non élevé.

3.9 Modélisation informatique
Le logiciel élaboré par Prati Amati, Srl (2006) en collaboration avec l'Université de Milan détermine le pourcent-

age ou le total de la résistance de cisaillement que les racines de vétiver ajoutent aux différents sols portant des haies de vétiver. Ce logiciel permet d'estimer la contribution du vétiver pour stabiliser les talus raides, particulièrement les digues en terre. Dans des conditions moyennes de sol et de pente, l'installation du vétiver accroîtra la stabilité de la pente d'environ 40%.

L'utilisation du logiciel nécessite que l'opérateur intègre les paramètres géotechniques suivants liés à un site de pente particulier:
- Type de sol
- Inclinaison de la pente
- Teneur maximale en humidité
- Cohésion minimale du sol

Le programme fournit le nombre nécessaire de plants par mètre carré et la distance entre les rangées, en prenant en considération l'inclinaison de la pente. Par exemple :
- une pente de 30° nécessite six plants par mètre carré (soit 7-10 plants par mètre linéaire) et une distance entre les rangées d'environ 1,7 m (5.7').
- une pente de 45° nécessite 10 plants par mètre carré (soit 7-10 plants par mètre linéaire) et une distance entre les rangées d'environ 1 m (3').

4. CONCEPTIONS ET TECHNIQUES APPROPRIES

4.1 Précautions

Le SV est une nouvelle technologie. En tant que tel, ses principes doivent être étudiés et appliqués de manière appropriée pour obtenir de meilleurs résultats. Négligeant les simples règles d'art du Système Vetiver entraînera de la déception, ou pire encore, des résultats adverses. En tant que technique de conservation du sol et, plus récemment, outil de bio-ingénierie, l'application efficace du SV fait appel à des connaissances en biologie, sciences de la terre, hydraulique, hydrologie et des principes géotechniques. Par conséquent, pour des projets de moyenne à grande échelle impliquant d'importants travaux de conception et de construction, le SV est mieux mis en œuvre par des spécialistes expérimentés que par les populations locales elles-mêmes.

Cependant, une connaissance des approches participatives et de la gestion communautaire est aussi très importante. Ainsi, la technologie devrait être conçue et mise en oeuvre par des experts en matière d'application du vétiver, avec la collaboration d'un agronome et d'un ingénieur géotechnicien et l'aide des agriculteurs locaux.

Par ailleurs, bien qu'il s'agisse d'une herbacé, le vétiver agit davantage comme un arbre, étant donné son système racinaire étalé et profond. Pour ajouter à la confusion, le SV peut exploiter les diverses caractéristiques du vétiver pour différentes applications.

Par exemple, ses racines profondes stabilisent la terre, ses feuilles épaisses épandent l'eau et piègent les sédiments et son extraordinaire tolérance aux conditions hostiles lui permet de réhabiliter la contamination du sol et de l'eau. Les échecs du SV peuvent, dans la plupart des cas, être attribués à de mauvaises applications plutôt qu'à l'herbe elle-même ou à la technologie recommandée. Dans un cas aux Philippines par exemple, le vétiver avait été utilisé pour stabiliser des talus sur une nouvelle autoroute. Les résultats avaient été très décevants, se soldant par un échec. Il s'est ensuite avéré que les ingénieurs ayant conseillé le SV, la pépinière ayant fourni le matériel de plantation et les encadrants et les laboureurs ayant planté le vétiver, manquaient tous d'expérience ou de formation en matière d'utilisation du SV pour la stabilisation des pentes.

L'expérience au Vietnam montre que l'utilisation du vétiver réussit lorsqu'il est appliqué correctement. Il n'est pas surprenant que des applications inadéquates puissent échouer. Les applications dans les hautes terres du centre du Vietnam montrent que le vétiver a efficacement protégé des remblais routiers. Toutefois, sur les applications en masse sur des pentes très élevées et raides sans semelles le long de l'autoroute de Ho Chi Minh, certaines ont échoué. En conclusion, pour réussir leur projet, les concepteurs et ingénieurs qui prévoient de recourir au Système Vétiver pour la protection des infrastructures doivent prendre les précautions suivantes :

Précautions techniques :
- Pour réussir le projet, la conception doit être faite ou vérifiée par des personnes compétentes.
- Au moins pendant les quelques premiers mois lors de l'établissement de la plante, le site doit être stable intérieurement et protégé d'une éventuelle rupture. Le vétiver manifeste ses pleines capacités lorsqu'il est mûr et les pentes peuvent rompre durant la période d'intervention.
- Le SV n'est applicable qu'aux pentes en terre avec des inclinaisons ne derant jamais dépasser 45-50°
- Le vétiver pousse mal à l'ombre, aussi faut-il éviter de le planter directement sous un pont ou un quelconque type d'abri.

Précautions liées à la prise de décision, la planification et l'organisation:
- Période : il faut prendre en considération les saisons et le temps qu'il faut pour cultiver le matériel de plantation.
- Entretien et réparation : au cours de la première étape, il y a une période durant laquelle le vétiver n'est pas encore efficace. Il faut prévoir dans le plan et le budget le remplacement de certaines plantes.
- Achats : Tous les intrants peuvent et doivent être achetés localement (main-d'œuvre, fumier, matériel de plantation, contrats d'entretien). Les opportunités d'emploi servent d'incitatif à la communauté locale pour protéger les plants durant leur croissance et maintenir la qualité et la viabilité des travaux.
- Implication communautaire : Les communautés locales doivent être impliquées autant que possible dans les étapes de la conception, de l'achat de matériel et de l'entretien. Des contrats avec la population locale doivent être rédigés, pour la gestion des pépinières, les spécifications relative à la quantité/qualité et l'entretien/protection.
- Période : Les responsables doivent être prêts à innover et à envisager le SV dans leurs plans et leurs budgets. Pour cela, ils doivent adopter des mesures incitatives pour inclure des méthodes aussi rentables dans leurs plans, tout comme ils ont des incitatifs – justifiés ou non - pour l'adoption de méthodes conventionnelles plus onéreuses.
- Intégration : Les responsables doivent recommander le Système Vétiver dans le cadre d'une approche globale pour la protection des infrastructures, appliquée à une échelle suffisamment grande pour améliorer tangiblement l'expertise et un effet progressif d'extension. Le SV ne doit pas être considéré simplement comme une solution de dépannage pour les sites locaux compromis au dépit de sa capacité à apporter un effet précis et immédiat.

4.2 Période de plantation

L'installation des plants de vétiver est vitale pour la réussite et le coût du projet. Planter en saison sèche nécessitera un arrosage important et coûteux. L'expérience du Centre du Vietnam montre qu'un arrosage une à deux fois par jour est nécessaire pour établir le vétiver dans des conditions extrêmement difficiles sur des dunes de sable. La croissance est mise en péril en l'absence d'arrosage. Etant donné qu'il est difficile de choisir le meilleur moment pour planter en masse du matériel végétal sur des pentes coupées le long de l'autoroute de Ho Chi Minh, par exemple, l'arrosage mécanique est nécessaire quotidiennement pendant les premiers mois.

Généralement, le vétiver a besoin de 3-4 mois pour s'établir, parfois jusqu'à 5-6 mois dans des conditions difficiles. Le vétiver étant totalement efficace à l'âge de 9-10 mois, les plantations en masse doivent se dérouler au début de la saison des pluies (c'est-à-dire que le développement de la pépinière et la production du matériel végétal doivent être prévus pour répondre au calendrier de plantation en masse).

Il est possible, en particulier au Nord du Vietnam, de planter pendant la période hiver-printemps. Lorsque les températures descendent en dessous de 10° C (50° F) au Nord du Vietnam, l'herbe ne pousse pas. Mais elle peut toutefois survivre au froid de l'hiver et reprend sa croissance immédiatement à l'arrivée des pluies de l'hiver et lorsque le temps se réchauffe.

Au centre du Vietnam, où la température de l'air demeure généralement au-dessus de 15°C (59°F), la plantation en masse a lieu au début du printemps. Les pépinières nécessiteront davantage de soins pour assurer une bonne croissance et la multiplication des boutures.

4.3 Pépinière
La réussite de tout projet est tributaire de la bonne qualité d'un nombre suffisant de boutures de vétiver. Des détails sur les pépinières et la multiplication de l'herbe sont présentés dans la Partie 2. Les grandes pépinières n'ont généralement pas besoin de fournir le matériel végétal en quantités suffisantes. Par contre, les ménages individuels d'agriculteurs peuvent mettre en place et superviser de petites pépinières (de quelques centaines de mètres carrés chacune). Ils seront engagés et payés par le projet suivant le nombre de boutures qu'ils peuvent fournir à la demande.

4.4 Préparation pour la plantation du vétiver
Dans les cas où la plantation en masse de vétiver implique la participation de la population locale, une campagne efficace de plantation doit comprendre les étapes suivantes :
       Etape 1 : Visite des sites par les experts qui mènent ensuite une enquête pour identifier les problèmes et concevoir l'application de la technologie ;
       Etape 2 : Discussion des problèmes et des différentes alternatives avec la population locale ;
       Etape 3 : Recours aux ateliers et cours de formation pour présenter la nouvelle technologie ;
       Etape 4 : Organisation de la mise en œuvre, par l'établissement de pépinières, lachat du matériel de plantation, l'entretien, etc. ;
       Etape 5 : Supervision de la mise en œuvre ;
       Etape 6 : Discussion des résultats du projet-pilote, après l'atelier, visites de site, etc.;
       Etape 7 : Organisation de la plantation en masse.

Dans les cas où des entreprises spécialisées entreprennent la plantation en masse, les étapes 1, 4, 5 sont recommandées. Cependant, la participation locale est toujours conseillée pour sensibiliser la population, éviter le vandalisme et veiller à ce que les boutures soient protégées des animaux.

4.5 Layout spécifications
4.5.1 Pente naturelle 'terrestre', pente coupée, talus routier, etc.
Pour stabiliser les pentes naturelles terrestres, les pentes coupées et les talus routiers, les spécifications suivantes peuvent s'appliquer :
- La pente de la berge ne doit pas excéder 1(H) [horizontal]:1(V) [vertical] ou 45°, une inclinaison de 1.5:1 est recommandée.
- Des inclinaisons moins profondes sont recommandées dans la mesure du possible, en particulier sur des sols érodables et/ou des zones à très fortes précipitations.
- Le vétiver devrait être planté au travers de la pente sur les lignes de contour d'un intervalle vertical

(VI) de 1,0 à 2,0m (3-6'), mesuré en bas de pente. Un espacement de 1,0 m (3') doit être utilisé sur un sol hautement érodable, et peut aller jusqu'à 1,5-2,0 m (4.5-6') sur un sol plus stable.
- La première rangée doit être plantée sur le bord supérieur du talus. Cette rangée sera plantée sur tous les talus d'une hauteur supérieure à 1,5 m (4,5').
- La rangée du fond doit être plantée au fond du talus au pied de la pente et sur le talus coupé le long du bord du carneau de drain.
- Entre ces rangées, le vétiver doit être planté comme spécifié ci-dessus.
- Benching ou le terrassement en escalier de 1-3 m (3-9') de largeur tous les 5-8 m (15-24') est recommandé pour les pentes d'une hauteur de plus de 10 m (30').

4.5.2 Berges, érosion côtière et structures de rétention d'eau instables

Pour l'atténuation des crues et la protection des côtes, des berges et des digues/remblais, les spécifications d'aménagement s suivantes ont recommandées :
- La pente maximale de la berge ne doit pas dépasser 1,5(H):1(V). La pente de berge recommandée est 2,5:1.
- Remarque : le système des digues maritimes de Hai Hau (Nam Dinh) est construit avec une pente de berge allant de 3:1 à 4:1.
- Le vétiver doit être planté dans deux sens :
    - Pour la stabilisation des berges, le vétiver doit être planté en rangées parallèles à la direction du débit (horizontal), sur les lignes de contour de 0,8-1,0 m (2.5-3') de séparation (mesuré en bas de pente). Une récente spécification d'aménagement pour protéger le système des digues maritimes de Hai Hau (Nam Dinh) a prévu un espacement entre les rangées baissé à 0,25 m. (,8').
    - Pour réduire la vitesse du débit, le vétiver doit être planté en rangées normales (angle droit) par rapport au débit, avec un espacement entre les rangées de 2,0 m (6') pour les sols érodables et de 4,0 m (12') pour les sols stables.
- Pour apporter plus de protection, les rangées normales sont plantées avec une séparation de 1,0 m (3') sur la digue de la rivière à Quang Ngai.
- La première rangée horizontale doit être plantée au sommet de la berge et la dernière rangée à l'échelle inférieure du tirant d'eau de la berge. Note : étant donné que le niveau de l'eau à certains endroits change selon les saisons, le vétiver doit être planté beaucoup plus bas sur la rive lorsque le temps le permet.
- Le vétiver doit être planté sur le contour le long de la longeur de la berge entre les rangées du haut et les rangées du fond, avec l'espacement spécifié ci-dessus.
- En raison des niveaux élevés de l'eau, les rangées du fond peuvent s'établir plus lentement que les rangées supérieures. Dans ces cas, les rangées inférieures doivent être plantées lorsque le sol est plus sec. Certaines applications de SV protègent les digues anti-sel ; dans ces cas, l'eau devient plus saline à certains moments de l'année, ce qui peut affecter la croissance du vétiver. Des expériences à Quang Ngai montrent que le vétiver peut être remplacé par certaines variétés locales tolérantes au sel, notamment la fougère de mangrove.
- Pour toutes les applications, le SV peut être utilisé en combinaison avec d'autres mesures traditionnelles structurelles comme l'enrochement (pierre ou béton) et les murs de soûtenement. La partie inférieure de la digue ou du remblai peut être couverte par exemple en combinant l'enrochement rocheux et géo-textile tandis que la moitié supérieure est protégée par des haies de vétiver.

4.6 Spécifications de plantation
- Creuser des tranchées d'environ 15-20cm (6-8") de profondeur et de largeur.
- Placer des plants bien enracinés (de 2-3 talles chacun) dans le centre de chaque rangée, à intervalles de 100-120 mm (4-5") pour les sols érodables, et de 150 mm (6") pour les sols normaux.

- Etant donné que le sol des pentes, des talus routiers et des digues/remblais n'est pas fertile, il est recommandé que le matériel végétal déjà mis en pot ou en tube de pépinière soit utilisé à grande échelle pour une plantation en masse et un établissement rapide. L'ajout d'une bonne mixture de fumier (liquide) est même meilleur. Pour protéger les berges naturelles où le sol est généralement fertile et l'arrosage initial peut être assuré sans effort supplémentaire, la plantation à racine nue suffit.
- Couvrir les racines de 200-300 mm (8-12") de sol et compacter fermement.
- Fertiliser à l'aide de nitrogène et de phosphore comme DAP (Di Ammonium Phosphate) ou NPK (noter que le vétiver ne réagit pas beaucoup aux applications de potasse) à 100 g (3,5onces) par mètre linéaire (rangée). La même quantité de lime peut être nécessaire when planting in acid and sulfate soil.
- Arroser le jour même de la plantation.
- Pour réduire la croissance des mauvaises herbes durant la phase d'établissement, un herbicide de pré-émergence comme l'Atrazine peut être utilisé.

4.7 Entretien
Arrosage
- Par temps sec, arroser tous les jours durant les deux premières semaines suivant la plantation, puis tous les deux jours.
- Arroser deux fois par semaine jusqu'à ce que les plants soient bien établis.
- Les plantes mûres ne requièrent aucun arrosage supplémentaire.

Replantation
- Au cours du premier mois après la plantation, remplacer tous les plants qui ne réussissent pas à s'établir ou qui ont été emportées.
- Poursuivre les inspections jusqu'à ce que les plants soient convenablement établis.

Lutte contre les mauvaises herbes
- Combattre les mauvaises herbes, en particulier les vines, durant la première année.
- NE PAS UTILISER l'herbicide RoundUp (glyphosate). Le vétiver est très sensible au glyphosate, aussi ne doit-il pas être utilisé pour combattre les mauvaises herbes entre les rangées.

Fertilisation
Sur un sol infertile, un engrais DAP ou NPK doit être appliqué au début de la deuxième saison humide.

Taille
Après cinq mois, la taille régulière est également très importante. Les rangées des haies doivent être taillées à 15-20 cm (6-8") au-dessus du sol. Cette technique simple favorise la croissance de nouvelles talles à partir de la base et réduit le volume de feuilles sèches qui pourrait surombrager les jeunes boutures. La taille améliore aussi l'apparence des haies sèches et peut minimiser le danger du feu.

Les feuilles fraîches de vétiver peuvent également être utilisées pour le fourrage du bétail, l'artisanat et même le chaume des toitures. Il faut noter que le vétiver planté dans le but de réduire les catastrophes naturelles ne doit pas être surutilisé à des fins secondaires.

Les tailles suivantes peuvent être faites deux ou trois fois par an. Il faut veiller à s'assurer que l'herbe a de longues feuilles pendant la saison des cyclones. Le vétiver peut d'ailleurs être taillé immédiatement à la fin de cette saison. Une autre période appropriée pour la taille serait environ 3 mois après le début de la saison des cyclones.

Clôturage et soins
Pendant les quelques mois de la période d'établissement, le clôturage et des soins peuvent être nécessaires pour protéger le vétiver du vandalisme et du bétail. Les vieilles tiges du vétiver mûr sont suffisamment robustes pour décourager le bétail. Il est conseillé, le cas échéant, de clôturer la zone pour protéger l'herbe au cours des premiers mois après la plantation.

5. APPLICATIONS DU SV POUR LA REDUCTION DE CATASTROPHES NATURELLES ET LA PROTECTION D'INFRASTRUCTURES AU VIETNAM

5.1 Application du SV pour la protection de dunes de sable au Centre du Vietnam

Une vaste zone, plus de 70.000 ha (175.000 acres), le long de la ligne côtière du Centre du Vietnam est recouverte de dunes de sable où les conditions du climat et du sol sont très sévères. Des projections de sable se produisent souvent vu que les dunes de sable migrent sous l'action du vent. Des avalanches de sable se produisent également souvent en raison de l'action des nombreux cours d'eau permanents et temporaires. D'énormes quantités du sable des dunes sont ainsi transportées côté terre vers l'étroite plaine côtière. Le long de la ligne de côte du centre du Vietnam, des "langues" de sable géantes mordent dans la plaine jour après jour. Le gouvernement a longtemps mis en œuvre un programme de forestation avec des variétés comme le casuarinas, l'ananas sauvage, l'eucalyptus et l'acacia. Mais, une fois complètement bien établis, ces arbres ne peuvent aider à réduire que le vent de sable. Jusqu'à présent, aucun moyen n'a réussi à réduire le avalanches de sable (les arbres ne peuvent pas stabiliser les dunes de sable, en particulier sur leur 'face aval' ou talus croulant ; des essais ont été effectués à grands frais en Afrique du Nord par la FAO et ont échoué).

5.1.1 Essai d'application et de promotion du SV pour la protection d'une dune de sable dans la province côtière de Quang Binh

En février 2002, avec l'appui financier de l'ambassade des Pays-Bas et l'appui technique d'Elise Pinners et de Pham Hong Duc Phuoc, Tran Tan Van, du RIGMR, a lancé des travaux d'expérimentation pour stabiliser des dunes de sable le long de la ligne de côte du Centre du Vietnam. Une dune de sable avait été sérieusement érodée par un cours d'eau qui servait de frontière naturelle entre les agriculteurs et une entreprise de foresterie. L'érosion s'est produite sur plusieurs années, entraînant un conflit grandissant entre les deux groupes. Du vétiver avait été planté en rangées le long des lignes de contour de la dune de sable. Au bout de quatre mois, il avait formé des haies denses et stabilisé la dune de sable. L'entreprise de foresterie était si impressionnée qu'elle a décidé de planter en masse l'herbe dans d'autres dunes de sable et même de protéger une culée de pont. Le vétiver a aussi surpris la population locale en survivant à l'hiver le plus froid en 10 ans, lorsque la température est descendue en dessous de 10° C (50° F), forçant les agriculteurs à replanter deux fois leur riz paddy et leurs

Photo 2 : Avalanche de sable à Le Thuy (Quang Binh) en 1999. Gauche : les fondations d'une station de pompage ; droite : habitation trois-pièces en brique

casuarinas. Au bout de deux années, les espèces locales (surtout le casuarinas et l'ananas sauvage) se sont rétablies. L'herbe elle-même s'était estompée à l'ombre de ces arbres, ayant accompli sa mission. Le projet a à nouveau démontré qu'avec des soins appropriés, le vétiver pouvait survivre à des conditions très hostiles de climat et de sol. Photo 2.

Selon Henk Jan Verhagen, de l'Université de Technologie de Delft (pers. comm.), le vétiver peut également être efficace pour réduire le vent de sable (congères de sable). L'herbe pourrait être plantée à cette fin contre la direction du vent, particulièrement aux endroits inférieurs entre les dunes de sable, où la vitesse du vent généralement augmente. Sur l'île de Pintang en Chine, au large de la côte de la province de Fujian, des haies de vétiver ont effectivement réduit la vitesse du vent et le vent de sable.

Suite à la réussite de ce projet pilote, un atelier a été organisé début 2003. Plus de 40 représentants des départements publics locaux, diverses ONG, l'Université du Centre du Vietnam, et les provinces côtières y ont participé. L'atelier a aidé les auteurs de ce livre et d'autres participants à compiler et à synthétiser les pratiques locales, en particulier les périodes de plantation, l'arrosage et la fertilisation. Le World Vision Vietnam a décidé en 2003 de financer un autre projet dans les districts de Vinh Linh et de Trieu Phong dans la province de Quang Tri pour utiliser le vétiver pour la stabilisation des dunes de sable.
Photos 3-7.

Photo 3 : Gauche : aperçu du site ; droite : début avril 2002, un mois après la plantation

Photo 4 : Gauche : début juillet 2002, quatre mois après la plantation ; droite : Novembre 2002, de denses rangées d'herbe ont été établies

Photo 5 : Gauche : Pépinière de vétiver ; droite : Novembre 2002, plantation en masse

Photo 6 : Gauche : Le vétiver protège la culée le long de l'autoroute Nat. N° 1 ; droite : Décembre 2004, des espèces locales ont remplacé le vétiver

Photo 7 : Gauche: mi-février 2003, atelier suite à la visite de terrain ; Note: le vétiver survit même à l'hiver le plus froid en 10 ans ; droite : Juin 2003, des agriculteurs de la province de Quang Tri visitent une pépinière locale au cours d'un voyage de terrain parrainé par World Vision Vietnam

5.2 Application du SV pour lutter contre l'érosion des berges
5.2.1 Application du SV pour lutter contre l'érosion des berges au Centre du Vietnam
Dans le cadre du même projet de l'ambassade des Pays-Bas mentionné précédemment, du vétiver a été planté

pour arrêter l'érosion sur une berge de rivière, au bord d'un étang à crevettes et sur un remblai routier dans la ville de Da Nang. En octobre 2002, le Département local des digues a également planté l'herbe en masse sur des sections de berge de plusieurs rivières. Par la suite, les autorités de la ville ont décidé de financer un projet de stabilisation d'une pente coupée en installant du vétiver le long de la route montagneuse menant au projet Banana à Da Nang, ce qui illustre le rythme d'adoption du vétiver. Photos 8-10

Photo 8 : Gauche : Mars 2002 : Essai de SV au bord d'un étang à crevettes, où un canal draine l'eau de la crue à Vinh Dien River ; droite : Novembre 2002 : plantation en masse combinée à l'enrochement pour protéger la berge le long de la rivière Vinh Dien

Photo 9 : Gauche : Décembre 2004 : Le vétiver, combiné à l'enrochement, fleurit après deux saisons de crue (Da Nang) ; droite : planté par les agriculteurs, le vétiver protège leurs étangs à crevettes

Photo 10 : Gauche : Le vétiver et l'enrochement (en haut) et le cadre en béton (plus bas) protègent un remblai droite : un virage sur la berge de la rivière parfumée à Hue

5.2.2 Essais et promotion du SV pour la protection des berges à Quang Ngai

Suite à ce projet pilote, le vétiver a été recommandé pour un autre projet de réduction de catastrophe naturelle dans la province de Quang Ngai et a été financé par AusAid. Avec l'appui technique de Tran Tan Van en juillet 2003, Vo Thanh Thuy et ses collaborateurs du Centre de Vulgarisation agricole de la province ont planté l'herbe à quatre endroits, sur des canaux d'irrigation dans plusieurs districts et sur une digue de protection contre l'intrusion de l'eau de mer. Le vétiver a prospéré dans tous les emplacements et, malgré son jeune âge, a survécu à une crue la même année - Photos 11-14.

Photo 11 : Gauche : Vétiver planté sur une digue de rivière au bord du Tra Bong ; droite : alignés sur les bords d'une digue d'estuaire anti-sel au bord de la même rivière

Photo 12 : Section en amont d'une digue anti-sel avec enrochement traditionnel en béton en face de la rivière (gauche) et le long d'une section du canal d'irrigation, l'érosion de surface marque la berge opposée (droite)

Suite à la réussite de ces essais, le projet a décidé de planter en masse du vétiver sur d'autres sections de digue dans trois autres districts, en combinaison avec enrochement. Parmi les modifications de conception introduites pour mieux adapter le vétiver aux conditions locales figurent planting mangrove fern et d'autres herbes tolérantes au sel on the lowest row pour mieux résister à une salinité élevée et protéger plus efficacement le pied du remblai. Fait encourageant, les communautés locales sont plus disposées à utiliser le vétiver pour protéger leurs propres terres.

5.2.3 Application du SV pour lutter contre l'érosion des berges dans le delta du Mékong

Avec le soutien financier de la Fondation Donner et l'appui technique de Paul Truong, Le Viet Dung et ses collègues de l'université de Can Tho ont lancé des projets de lutte contre l'érosion des berges dans le delta du Mékong.

Photo 13 : Gauche : berge gravement érodée de la rivière Tra Khuc, dans la commune de Binh Thoi ; droite : protection primitive à l'aide de sacs de sable

Photo 14 : Gauche : Des membres communautaires plantent du vétiver ; droite : Novembre 2005 : la berge reste intacte après la saison des crues

La zone connaît de longues périodes d'inondation (jusqu'à conq mois) pendant la saison des crues, avec d'importantes différences des niveaux d'eau, allant jusqu'à 5 m (15'), entre la saison sèche et la saison des crues, cette dernière étant marquée par un puissant débit d'eau. Par ailleurs, les berges ont des sols allant des boues alluviales au limon, qui sont extrêmement érodables lorsqu'ils sont mouillés. Grâce à l'amélioration des conditions économiques au cours des dernières années, la plupart des bateaux circulant sur les rivièress et les canaux sont motorisés, avec un grand nombre de moteurs puissants qui aggravent l'érosion des berges en provoquant de fortes vagues. Néanmoins, le vétiver résiste bien, protégeant de l'érosion de grandes zones de terres agricoles. Photos 15 et 16.

Photo 15 : A An Giang, le vétiver stabilise une digue de rivière (gauche), et une berge naturelle (droite)

PARTIE 3

Photo 16 : Gauche : Du vétiver borde les centres inondés repeuplés ; droite : les marqueurs rouges délimitent environ 5 m (15') de terre sèche sauvée par le vétiver

Un programme global de vétiver a été mis en place dans la province de An Giang, où des crues annuelles atteignent des profondeurs de 6 m (18'). Le système de canal le plus long de la province, 4 932 km (3065 miles), nécessite un entretien et des réparations annuelles. Un réseau de digues, d'une longueur de 4 600 km, protège 209.957 ha (525.000 acres) d'excellentes terres agricoles des crues. L'érosion sur ces digues est d'environ 3,75 Mm3/an et a nécessité 1,3 M $ de réparation.

La zone comprend aussi 181 goupes réinstallées ; ces communautés construisent sur des matériaux dragués qui nécessitent aussi d'être protégés de l'érosion et des inondations. Selon les emplacements et la profondeur de la crue, le vétiver a été utilisé avec succès seul, mais également avec d'autres végétaux pour stabiliser ces zones.

En conséquence, le vétiver offre aujourd'hui des systèmes rigoureux de digues maritimes et de rivières ainsi que des berges et des canaux dans le delta du Mékong. Près de deux millions de sachets de vétiver, un total de 61 kilomètres linéaires (38 miles), ont été installés pour protéger les digues entre 2002 et 2005. Photos 15-16.

Entre 2006 et 2010, il est prévu que les 11 districts de la province de An Giang plantent 2 025 km (1258 miles) de haies de vétiver sur 3 100 ha (7 660 acres) de surface de digues. Laissés à l'abandon, 3 750 Mm3 de sol seront probablement érodés et 5 Mm3 devront être dragués des canaux. En se basant sur les coûts de 2006, les frais totaux de maintenance pendant cette période dépasseraient les 15,5 M $ dans cette province seulement. L'application du système vétiver dans cette zone rurale apportera des revenus supplémentaires à la population locale : hommes pour planter, femmes et enfants pour préparer les sachets en plastique.

5.3 Application du SV pour lutter contre l'érosion côtière

Sous les auspices de la Fondation Donner et avec l'appui technique de Paul Truong, Le Van Du de l'université d'agro-foresterie de la ville de Ho Chi Minh a initié en 2001 des travaux sur un sol acido-sulfaté pour stabiliser les canaux et chenaux d'irrigation et le système des digues maritimes dans la province de Go Cong. Le vétiver a poussé vigoureusement sur les remblais en l'espace de quelques mois à peine, en dépit d'un mauvais sol. Il protège aujourd'hui la digue maritime, prévenant l'érosion de surface et facilitant l'établissement d'espèces endémiques. Photos 17 et 18.

Photo 17: Planté derrière une mangrove naturelle sur une digue maritime acido-sulfatée dans la province de Go Cong, le vétiver réduit l'érosion de surface et favorise le rétablissement des herbes locales.

En 2004, sur les recommandations de Tran Tan Van, la Croix Rouge danoise a financé un projet pilote à base de vétiver pour protéger des digues martitimes dans le district de Hai Hau, dans la province de Nam Dinh. Photo 18. Les concepteurs du projet ont été grandement surpris et ravis de découvrir que le vétiver avait déjà été installé ; planté deux années plus tôt, il protégeait plusieurs kilomètres sur le côté intérieur du système de digues maritimes. Bien que sa conception était conventionnelle, la plantation fonctionnait, et, surtout avait réussi à convaincre la communauté locale que le vétiver était efficace. Après que le cyclone No. 7 en septembre 2005 ait rompu les sections protégées par l'enrochement, l'efficacité du vétiver n'était plus remise en question. Les agriculteurs locaux ont alors réclamé une plantation en masse.

Photo 18 : Au Nord du Vietnam ; gauche : Vétiver planté sur le côté extérieur d'une digue maritime nouvellement construite dans la province de Nam Dinh ; droite : sur le côté extérieur de la digue, planté par le Département local des digues

5.4 Application du SV pour stabiliser les talus routiers
Suite à la réussite des essais effectués par Pham Hong Duc Phuoc (Université d'agro-foresterie de Ho Chi Minh-Ville) et Thien Sinh Co. Qui ont recouru au vétiver pour stabiliser les pentes coupées au centre du Vietnam, le Ministère des Transports a autorisé en 2003 une large utilisation du vétiver pour stabiliser les pentes le long de centaines de kilomètres de l'autoroute de Ho Chi Minh récemment construite et d'autres routes nationales et provinciales dans les provinces de Quang Ninh, Da Nang et Khanh Hoa. Photo 19.

Photo 19 : Gauche : Le vétiver stabilise des pentes coupées le long de l'autoroute de Ho Chi Minh ; droite : vétiver seul et vétiver combiné à des mesures traditionnelles

Ce projet est certainement l'une des plus grandes applications du SV dans le domaine de la protection des infrastructures dans le monde. L'autoroute de Ho Chi Minh fait plus de 3 000 km (1864 miles) de long. Elle est et sera protégée par le vétiver planté dans divers sols et climats : depuis les sols montagneux skeletal et hivers froids du Nord jusqu'aux sols extrêmement acido-sulfatés et au climat chaud et humide du Sud. Le vétiver est largement utilisé pour stabiliser les travaux de pentes coupées :

- Appliqué surtout comme une mesure de protection de la surface de la pente, il réduit considérablement l'érosion induite par les eaux de ruissellement, qui autrement infligeraient des dégâts en aval (Photo 20 et 21) ;
- En prévenant les ruptures peu profondes, il stabilise fortement les pentes coupées, ce qui réduit grandement le nombre de ruptures profondes de pente ;
- Dans certains cas de rupture profonde de pente, le vétiver donne toujours de bons résultats en ralentissant les ruptures et en réduisant les masses affaissées ;
- Il permet de maintenir l'esthétique rurale et la convivialité écologique de la route.

Photo 20 : Gauche : L'évacuation inappropriée des déchets de roche/sol se déplace loin en aval ; droite : impact sur un village dans le district de A Luoi, province de Thua Tien Hue

Sur une route menant à l'autoroute de Ho Chi Minh, Pham Hong Duc Phuoc a clairement démontré comment le SV doit être appliqué, ainsi que son efficacité et sa viabilité. Photos 22.

Photo 21 : Da Deo Pass, Quang Binh : Gauche : La couverture végétale est détruite, révélant des ruptures inesthétiques et continues de pentes coupées ; droite : Rangées de vétiver au sommet de la pente lentement resserrées vers le bas, réduisant considérablement la masse affaissée

Photo 22 : Pham Hong Duc Phuoc, un projet de protection de route dans la province de Khanh Hoa, route de Hon Ba) : gauche deux photos : érosion sévère sur un talus construit survenantt après seulement quelques pluies ; droite deux photos : huit mois après la plantation de vétiver : le vétiver a stabilisé cette pente, en arrêtant et en prévenant totalement une nouvelle érosion pendant la saison humide suivante

Tableau 6 : Profondeur de la racine de vétiver sur les talus routiers de Hon Ba

	Position sur le talus	Profondeur racinaire (cm/inch)			
		6 mois	12 mois	1,5 an	2 ans
	Pente coupée				
1	Fond	72/28	120/47	120/47	120/47
2	Milieu	72/28	110/43	100/39	145/57
3	Sommet	72/28	105/41	105/41	187/74
	Pente de remblais				
4	Fond	82/32	95/37	95/37	180/71
5	Milieu	85/33	115/45	115/45	180/71
6	Sommet	68/27	70/28	75/30	130/51

Il a soigneusement supervisé le développement du vétiver : établissement (65-100%), croissance (95-160 cm (37-63") au bout de six mois), taux de formation des talles (18-30 talles par plant), et la profondeur des racines sur les talus. Tableau 6 ci-dessus.

Les succès et les échecs liés à l'utilisation du vétiver pour protéger les pentes coupées le long de l'autoroute de Ho Chi Minh sont instructifs :
- Les pentes doivent d'abord être stables intérieurement. Le vétiver étant le plus utile une fois mûr, les pentes peuvent se rompre entre-temps. Le vétiver commence à satbiliser une pente à trois à quatre mois, at earliest. Par conséquent, la période de plantation est également très importante s'il faut éviter des ruptures de pente durant la saison des pluies ;
- Un angle de pente approprié ne doit pas dépasser 45-50°;
- une taille régulière assurera la croissance continue et les talles de l'herbe et donc des haies denses et efficaces.

6. CONCLUSIONS

Suite à de considérables travaux de recherche et à la réussite des nombreuses applications présentées dans cette Partie, il est aujourd'hui prouvé que le vétiver, avec ses nombreux avantages et très peu d'inconvénients, est un outil de bio-ingénierie très efficace, économique, communautaire, durable et respectueux de l'environnement qui protège les infrastructures et atténue les catastrophes naturelles ; en outre, une fois établies, les plantations de vétiver dureront des décennies avec peu, sinon aucune maintenance. Le SV a été utilisé avec succès dans plusieurs pays à travers le monde, notamment : Australie, Brésil, Amérique, Chine, Ethiopie, Inde, Italie, Malaysie, Népal, Philippines, Afrique du Sud, Sri Lanka, Thailande, Venezuela et Vietnam. Cependant, il faut souligner que les clés les plus importantes de la réussite sont un matériel végétal de qualité, une bonne conception et des techniques correctes de plantation.

7. REFERENCES

Bracken, N. and Truong, P.N. (2 000). Application of Vetiver Grass Technology in the stabilization of road infrastructure in the wet tropical region of Australia. Proc. Second International Vetiver Conf. Thailand,

January 2000.

Cheng Hong, Xiaojie Yang, Aiping Liu, Hengsheng Fu, Ming Wan (2003). A Study on the Performance and Mechanism of Soil-reinforcement by Herb Root System. Proc. Third International Vetiver Conf. China, October 2003.

Dalton, P. A., Smith, R. J. and Truong, P. N. V. (1996). Vetiver grass hedges for erosion control on a cropped floodplain, hedge hydraulics. Agric. Water Management: 31(1, 2) pp 91-104.

Hengchaovanich, D. (1998). Vetiver grass for slope stabilization and erosion control, with particular reference to engineering applications. Technical Bulletin No. 1998/2. Pacific Rim Vetiver Network.
Office of the Royal Development Project Board, Bangkok, Thailand.

Hengchaovanich, D. and Nilaweera, N. S. (1996). An assessment of strength properties of vetiver grass roots in relation to slope stabilisation. Proc. First International Vetiver Conf. Thailand pp. 153-8.

Jaspers-Focks, D.J and A. Algera (2006). Vetiver Grass for River Bank Protection. Proc. Fourth Vetiver International Conf. Venezuela, October 2006.

Le Van Du, and Truong, P. (2003). Vetiver System for Erosion Control on Drainage and Irrigation Channels on Severe Acid Sulphate Soil in Southern Vietnam. Proc. Third International Vetiver Conf. China, October 2003.

Prati Amati, Srl (2006). Shear strength model. "PRATI ARMATI Srl" info@pratiarmati.it .

Truong, P. N. (1998). Vetiver Grass Technology as a bio-engineering tool for infrastructure protection. Proceedings North Region Symposium. Queensland Department of Main Roads, Cairns August, 1998.

Truong, P., Gordon, I. and Baker, D. (1996). Tolerance of vetiver grass to some adverse soil conditions. Proc. First International Vetiver Conf. Thailand, October 2003.

Xia, H. P. Ao, H. X. Liu, S. Z. and He, D. Q. (1999). Application of the vetiver grass bio-engineering technology for the prevention of highway bouturepage in southern China. International Vetiver Workshop, Fuzhou, China, October 1997.

Xie, F.X. (1997). Vetiver for highway stabilization in Jian Yang County: Demonstration and Extension. Proceedings abstracts. International Vetiver Workshop, Fuzhou, China, October 1997.

PARTIE 4 - SYSTÈME VÉTIVER POUR LA PREVENTION ET LE TRAITEMENT DES EAUX ET DES TERRES CONTAMINEES

SOMMAIRE

1. INTRODUCTION	52
2. COMMENT FONCTIONNE LE SYSTÈME VÉTIVER	52
3. CARACTERISTIQUES SPECIALES ADAPTEES A DES FINS DE PROTECTION DE L'ENVIRONNEMENT	53
3.1 Propriétés morphologiques	53
3.2 Propriétés physiologiques	54
4 PREVENTION ET TRAITEMENT DES EAUX CONTAMINEES	54
4.1 Réduction ou élimination du volume d'eaux usées	55
4.2 Amélioration de la qualité des eaux usées	56
5. TRAITEMENT DES TERRES CONTAMINEES	61
5.1 Tolérance aux conditions adverses	61
5.2 Réhabilitation de mines et phytoremédiation	64
6. REFERENCES	64

1. INTRODUCTION

Au cours des recherches sur l'application des extraordinaires propriétés du vétiver en matière de conservation des sols et des eaux, il a été découvert que le vétiver possède également des caractéristiques physiologiques et morphologiques uniques, particulièrement bien adaptées à la protection de l'environnement, surtout en matière de prévention et de traitement des eaux et terres contaminées. Parmi ces remarquables caractéristiques figurent un niveau élevé de tolérance et même des niveaux toxiques élevés de salinité, acidité, alcalinité, sodicité et tout un éventail de métaux lourds et de produits agrochimiques, ainsi qu'une capacité exceptionnelle à absorber et à tolérer des niveaux élevés de nutriments pour consommer de grandes quantités d'eau tout en accroissant sa masse organique s'ajustant aux conditions humides.

L'application du Système Vétiver (SV) pour le traitement des eaux usées est une technologie innovatrice de phytoremédiation avec un potentiel énorme. Le SV est une solution naturelle, verte, simple, praticable et rentable.

Le plus important est que le produit dérivé de la feuille de vétiver offre tout un éventail d'usages comme l'artisanat, l'alimentation animale, le chaume, le paillage et le combustible, pour n'en citer que quelques-uns. Son efficacité, sa simplicité et son faible coût font du Système Vétiver un partenaire bien accueilli dans les nombreux pays tropicaux et subtropicaux qui assurent le traitement des eaux usées domestiques, municipales et industrielles et ont besoin de phytoremédiation et de réhabilitation des mines.

2. COMMENT FONCTIONNE LE SYSTÈME VÉTIVER

Le SV prévient et traite les eaux et les sols contaminés de la manière suivante :
  Prévention et traitement des eaux contaminées :
  - Elimination ou réduction du volume d'eaux usées.
  - Amélioration de la qualité des eaux usées et polluées.

Prévention et traitement des terres contaminées:
- Lutte contre la pollution hors site
- Phyto-remédiation de terres contaminées
- Piégeage de matériaux érodés et des déchets dans les eaux d'écoulement
- Absorption de métaux lourds et autres polluants
- Traitement de nutriments et autres polluants dans les eaux usées et le lixiviat.

3. CARACTERISTIQUES SPECIALES ADAPTEES A LA PROTECTION DE L'ENVIRONNEMENT

Comme le montre la Partie 1, plusieurs caractéristiques spéciales du vétiver sont directement applicables au traitement des eaux usées, parmi lesquelles les propriétés morphologiques et physiologiques suivantes :

3.1 Propriétés morphologiques
- L'herbe de vétiver a un système racinaire massif, profond, à la croissance rapide qui peut atteindre 3,6 m de profondeur en 12 mois dans un bon sol.
- Ses racines profondes assurent une grande tolérance à la sécheresse, permettent une excellente infiltration de l'humidité du sol, pénètrent les couches de sol compacté (tuf), permettant ainsi un drainage profond.
- La plupart des racines du vétiver sont très fines, avec un diamètre moyen de 0,5 – 1,0 mm (Cheng et al, 2003). Ceci fournit un énorme volume de rhizosphère à la croissance bactérienne et fongique et à la multiplication, nécessaires pour absorber les contaminants et rompre le processus, comme dans la nitrification.
- Les pousses hautes et raides du vétiver peuvent croître jusqu'à trois mètres (neuf pieds). Lorsqu'elles sont plantées les unes contre les autres, elles forment une barrière poreuse vivante qui retarde le flux d'eau et agit comme un bio-filtre efficace, piégeant les sédiments fins et grossiers, et même les rochers dans les eaux d'écoulement. Photo 1.

Photo 1 : Caractéristiques morphologiques du vétiver

3.2 Propriétés physiologiques

- Hautement tolérant aux sols à degré élevé d'acidité, alcalinité, salinité, sodicité et magnésium.
- Hautement tolérant à Al, Mn et aux métaux lourds comme As, Cd, Cr, Ni, Pb, Hg, Se et Zn dans le sol et l'eau (Truong and Baker, 1998).
- Hautement efficace pour absorber N et P dissous dans les eaux polluées. Figure 1.
- Hautement tolérant à des niveaux élevés de nutriments N et P dans le sol. Figure 2.
- Hautement tolérant aux herbicides et pesticides.
- Casse les composés organiques associés aux herbicides et pesticides.
- Regènère rapidement suite à une sécheresse, gel, feu, salinité et autres conditions adverses, une fois que ces conditions adverses sont atténuées.

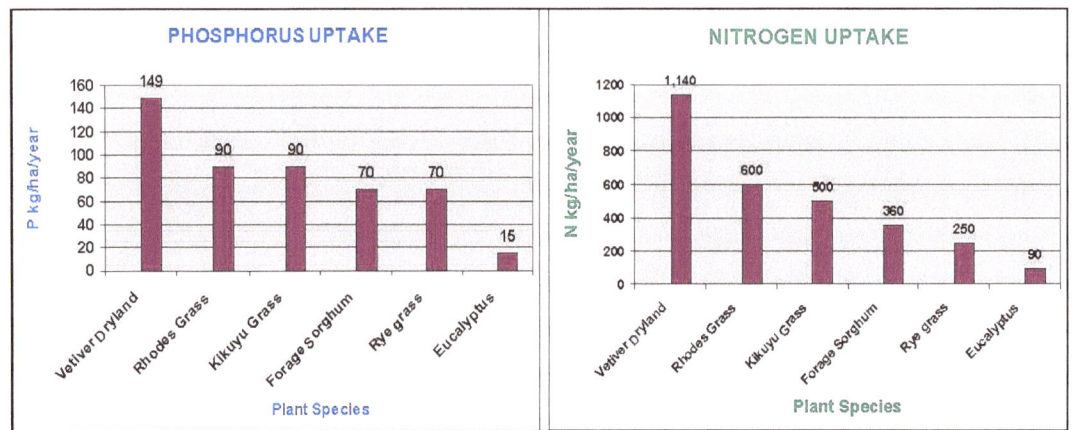

Figure 1 : Capacité plus élevée de fixation (absorption) de N et P que d'autres plantes

Figure 2 : Niveau plus élevé de tolérance à, et de capacité à absorber P et N

4. PREVENTION ET TRAITEMENT DES EAUX CONTAMINEES

Les travaux de recherche et les applications à grande échelle en Australie, en Chine, en Thaïlande et d'autres pays ont établi que le vétiver est extrêmement efficace pour traiter les eaux usées polluées des discharges domestiques et industriels.

4.1 Réduire ou éliminer le volume des eaux usées

Les méthodes végétales constituent actuellement l'unique moyen faisable et praticable d'éliminer ou de réduire totalement les eaux usées à grande échelle. En Australie, le vétiver a largement déclassé les arbres et les plantes de paturage en tant que moyen le plus efficace de traiter et d'évacuer le lixiviat de décharge et les effluents domestiques et industriels.

Pour quantifier le taux d'utilisation de l'eau du vétiver, il est estimé que pour 1 kg de biomasse de pousse sèche dans conditions idéales sous serre, le vétiver utilisera 6,86 l/jour. Vu que la biomasse de vétiver âgé de 12 semaines, au pic de son cycle de croissance, est d'environ 30,7 t/ha, un hectare de vétiver utiliserait éventuellement 279 kl/ha/jour (Truong and Smeal, 2003).

4.1.1 Evacuation d'effluents septiques

En 1996, le SV a d'abord été appliqué en Australie pour traiter les effluents d'eaux usées. Plus tard, des essais ont démontré que la plantation d'environ 100 plants de vétiver dans une zone de parc inférieure à 50m² a complèment asséché les effluents rejetés par un bloc sanitaire. D'autres plantes, notamment des herbes tropicales à croissance rapide et des arbres et cultures comme la canne à sucre et la banane, y ont échoué (Truong and Hart, 2001).

Photo 2 : Le vétiver a nettoyé les algues bleu-vert en quatre jours (gauche) Effluent d'eaux usées contenant un taux élevé de nitrate (100 mg/l) et de phosphate (10 mg/l). (droite) Effluent d'eaux usées quatre jours plus tard : le SV a réduit le niveau de N à 6 mg/l (94%) et de P à 1 mg/l (90%).

4.1.2 Evacuation de lixiviat de décharge

L'évacuation de lixiviat de décharge constitue un problème majeur dans les grandes villes, étant donné qu'il est généralement hautement contaminé par des métaux lourds, ainsi que des polluants organiques et inorganiques. L'Australie et la Chine ont réglé ce problème en utilisant le lixiviat collecté au fond des dépôts pour irriguer le vétiver planté au sommet de la pile de la décharge et des murs de soutènement de barrage. Les résultats à ce jour sont excellents. En fait, la croissance du vétiver était si vigoureuse que, pendant la période sèche, les décharges n'ont pas généré assez de lixiviat pour irriguer les plantes. La plantation de 3,5 ha de vétiver a évacué efficacement 4 Ml de lixiviat en un mois en été et 2 Ml en un mois en hiver (Percy and Truong, 2005).

4.1.3 Evacuation des eaux usées industrielles

Dans le Queensland, en Australie, un grand volume d'eaux usées industrielles générées par une unité de transformation de produits alimentaires (1,4 million litres/jour) et un abattoir bovin (1,4 million litres/jour) a réussi à être dispersé par épandage des boues sur le sol à base de vétiver (Smeal et al, 2003).

4.2 Amélioration de la qualité des eaux usées

La pollution hors site est la plus grande menace contre l'environnement mondial. Quoique répandue dans les pays industrialisés, elle est particulièrement grave dans les pays en développement, qui ne disposent souvent pas de ressources suffisantes pour atténuer le problème. Les méthodes végétales constituent généralement le moyen le plus accessible et le plus efficace pour améliorer la qualité de l'eau.

4.2.1 Piégeage de débris, de sédiments et de produits agro-chimiques dans les terres agricoles

En Australie, les études de recherche menées sur des exploitations de canne à sucre et de coton montrent que les haies de vétiver piègent efficacement les nutriments à particules comme P et Ca ; les herbicides comme le diuron, trifluralin, prometryn et fluometuron ; et les pesticides comme α, β et endosulfan sulfate et chlorpyrifos, parathion et profenofos. Si les haies de vétiver étaient établies à travers les lignes de drainage, ces nutriments et produits agrochimiques pourraient être retenus sur le site (Truong et al. 2000). Figure 3.

Une expérimentation réalisée en Thaïlande au Centre royal d'études de développement Huai Sai dans la province de Phetchaburi, montre que les rangées des haies de contour de vétiver plantées perpendiculairement à la pente forment un barrage vivant tandis qu'en même temps leur système racinaire forme une barrière souterraine qui empêche les résidus des pesticides et autres substances toxiques contenus dans l'eau de s'écouler dans la masse d'eau en dessous. Les touffes épais juste au-dessus de la surface du sol collectent aussi des débris et des particules de sol charriés par le cours d'eau (Chomchalow, 2006).

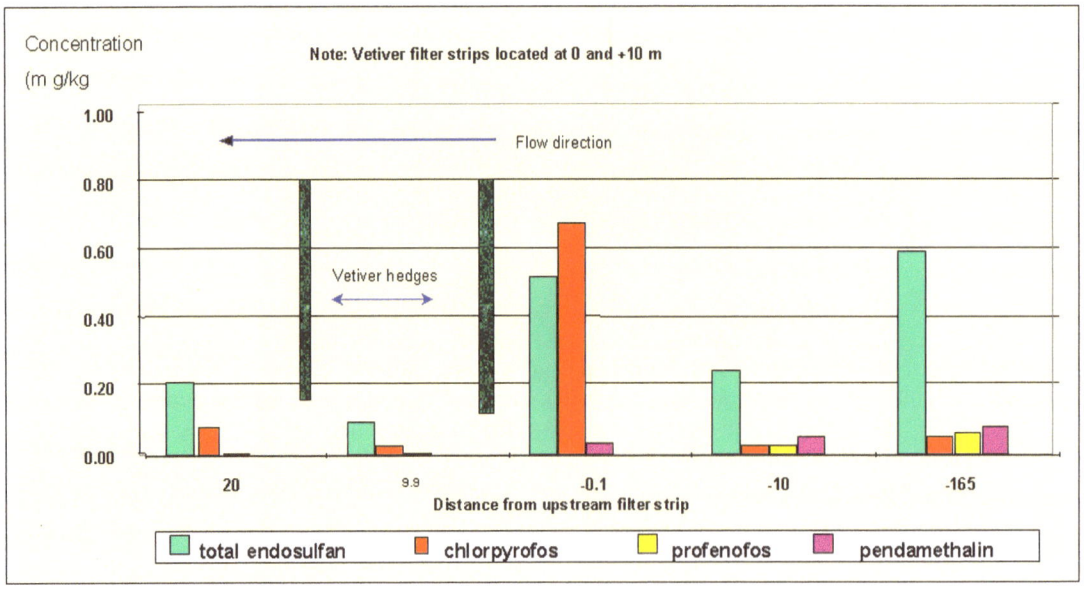

Figure 3 : Concentration d'herbicide dans le sol déposé sur les haies filtres de vétiver en amont et en aval

4.2.2 Absorption et tolérance de polluants et métaux lourds

L'utilité du vétiver à traiter les eaux polluées réside dans sa capacité à rapidement absorber les nutriments et les métaux lourds et sa tolérance à des niveaux élevés de ces éléments. Bien que la concentration de ces éléments dans les plants de vétiver n'est pas toujours aussi élevée que celle des hyper-accumulateurs, sa croissance très rapide et à haut rendement (production de matière sèche qu'à 100 t/ha/an) permet au vétiver de retirer des terres contaminées un plus grand volume de nutriments et de métaux lourds que la plupart des hyper-accumulateurs.

Au Sud du Vietnam, un essai de démonstration a été installé dans une usine de traitement de poisson pour déterminer la durée de temps pendant laquelle l'effluent doit rester dans le champ de vétiver avant que ses concentrations en nitrate et en phosphate ne soient réduites à des niveaux acceptables. Les résultats de ces tests ont montré que le contenu total de N dans les eaux usées a été réduit de 88% et de 91% au bout de 48 et de 72 heures de traitement, respectivement, tandis que le total P a été réduit de 80% et de 82% au bout de 48 et de 72 heures de traitement. La quantité totale de N et de P retiré en 48 et 72 heures de traitement n'était pas significativement différente (Luu et al, 2006). Suite à ces tests, un certain nombre de centres de pisciculture du delta du Mékong ont adopté le SV pour stabiliser les digues des étangs à poisson, purifier l'eau de ces étangs et traiter d'autres eaux usées. Photo 3. Au Nord du Vietnam, les eaux usées rejetées par une petite usine de papier à Bac Ninh et d'une petite usine d'engrais azoté à Bac Giang sont aussi hautement polluées de nutriments et de produits chimiques que de lixiviaat de décharge. Les usines rejettent leurs eaux usées directement dans une petite rivière du delta du fleuve. Installé sur les deux sites, le vétiver s'est bien établi au bout de deux mois. Actuellement, le vétiver à l'usine de papier de Bac Ninh se porte généralement bien, excepté pour quelques sections près des eaux polluées, où il montre des symptômes de toxicité. En revanche, malgré des conditions de pollution élevée, le vétiver est établi et pousse bien à l'usine d'engrais azoté à Bac Giang. Une excellente croissance a été enregistrée pour ce site sous des conditions de zones semi-humides, où il est prévu que le vétiver réduise significativement les niveaux de polluants. Photo 4.

Photo 3 : Lutte contre l'érosion et traitement des eaux usées dans un centre de pisciculture d'eau douce dans le delta du Mékong

Photo 4 : Gauche : Vétiver à Bac Ninh ; droite : à Bac Gia

En Australie, cinq rangées de vétiver ont été irriguées en sous-surface à l'aide des effluents rejetés d'une fosse septique. Au bout de cinq mois, les niveaux totaux de N dans l'infiltration collectée après deux rangées ont été réduits de 83%, et après cinq rangées de 99%. De même, les niveaux totaux de P ont été réduits respectivement de 82% et 85% (Truong and Hart, 2001). Figure 4.

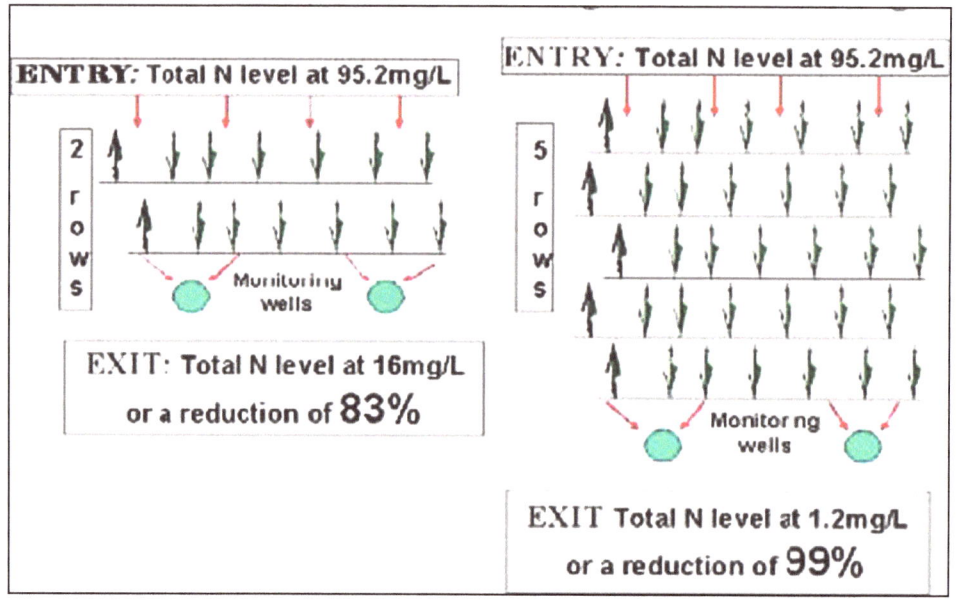

Figure 4 : Efficacité de la réduction N dans les infiltrations d'égout domestiques

Photo 5 : Gauche : zone humide de vétiver ; droite : évacuation de lixiviat en Australie

En Chine, les nutriments et les métaux lourds des élevages porcins sont les principales sources de pollution de l'eau. Les eaux usées des élevages porcins contiennent des niveaux très élevés de N et de P, mais aussi de Cu et de Zn, qui sont ajoutés aux aliments pour promouvoir la croissance. Les résultats montrent que le vétiver a une très forte action purifiante. Son ratio d'absorption et de purification du Cu et du Zn est >90% ; As et N>75% ; Pb est entre 30% et 71% et P entre 15 et 58%. La capacité du vétiver à purifier les métaux lourds et N et P des élevages porcins est classée comme suit : Zn>Cu>As>N>Pb>Hg>P (Xuhui et al., 2003; Liao et al, 2003).

4.2.3 Zones humides
Les zones humides naturelles et artificielles réduisent efficacement la quantité de contaminants des eaux de ruissellement des terres agricoles aussi bien qu'industrielles. Le recours aux zones humides pour retirer les polluants nécessite l'utilisation d'une variété complexe de processus biologiques, notamment des transformations microbiologiques et des processus physio-chimiques comme l'adsorption, la précipitation ou la sédimentation.

Sous conditions de zones humides en Australie, le vétiver a eu le taux d'utilisation d'eau le plus élevé, comparé aux plantes des zones humides comme Iris pseudacorus, Typha spp, Schoenoplectus validus et Phragmites australis.

Avec un taux moyen de consommation de 600 ml/jour/pot sur 60 jours, le vétiver a utilisé 7,5 fois plus d'eau que le Typha (Cull et al. 2000). Une zone humide a été construite pour traiter les effluents des égouts d'une petite ville rurale. L'objectif du projet était de réduire ou d'éliminer l'effluent de 500Ml/jour produit par cette petite ville avant l'évacuation des eaux usées (Photo 5). Etonnamment, le vétiver de la zone humide a absorbé tous les effluents produits par cette petite ville (Ash and Truong, 2003). Tableau 1.

Tableau 1 : Niveaux de qualité d'effluent avant et après le traitement au vétiver

Tests	Influent frais (mg/l)	Résultats 2002/03 (mg/l)	Résultats 2004 (mg/l)
PH (6,5 to 8,5)	pH 7,3-8,0	pH 9,0-10,0	pH 7,6-9,2
Oxygène dissous (2,0 mg/l min)*	0-2	12,5-20	8,1-9,2
DBO de 5 jours (20 -40 mg/l max)*	130-300	29 to 70	7-1
Solides suspendus (30-60 mg/l max)*	200-500	45 to 140	11-16
Total nitrogène (6,0 mg/l max) *	30-80	13 to 20	4,1-5,7
Total phosphore (3,0 mg/l max) *	10-20	4,6 to 8,8	1,4-3,3

*Condition de licence

La Chine est le plus grand éleveur de porcs du monde. En 1998, la province de Guangdong à elle seule comprenait plus de 1 600 élevages porcins ; plus de 130 élevages ont produit plus de 10.000 porcs commerciaux annuellement. Les grands élevages produisent 100-150 tonnes d'eaux usées par jour, notamment le fumier porcin collecté sur les planchers à lattes, qui contient des charges élevées de nutriment. L'évacuation des eaux usées des élevages porcins constitue donc un grand problème. Les zones humides sont considérées comme le moyen le plus efficace pour réduire à la fois le volume et les hautes charges de nutriment des effluents des porcheries. Pour déterminer si le vétiver était mieux adapté au système des zones humides, il figurait dans le test de la douzaine d'expèces les plus prometteuses, où le vétiver, Cyperus alternifolius et Cyperus exaltatus étaient initialement classés en tête. Cependant, d'autres tests ont révélé que Cyperus exaltatus se fanait et devenait dormant durant l'automne, rajeunissant au printemps suivant. Le traitement efficace des eaux usées nécessitant une croissance toute l'année, seuls le vétiver et Cyperus alternifolius ont été définis comme adaptés au traitement des zones humides des effluents des porcheries (Liao, 2000). Photo 6.

En Thaïlande, de solides travaux de recherche ont été réalisés au cours des dernières années sur l'application du SV pour traiter les eaux usées dans les zones humides artificielles. Une étude a utilisé trois écotypes de vétiver (Monto, Surat Thani et Songkhla 3) pour traiter les eaux usées d'un moulin de farine de tapioca, en employant deux systèmes de traitement :

    (a) en conservant les eaux usées dans une zone humide de vétiver pendant deux semaines et en les drainant, et
    (b) en conservant les eaux usées dans une zone humide de vétiver pendant une semaine et en les vidangeant continuellement pendant trois semaines. Dans les deux systèmes, Monto a affiché la plus grande

croissance des pousses, des racines et de la biomasse, et absorbé les plus hauts niveaux de P, K, Mn et Cu dans les pousses et les racines (Mg, Ca et Fe dans la racine et Zn et N dans les pousses). Surat Thani a absorbé les plus hauts niveaux de Mg dans les pousses et de Zn dans les racines et Songkhla 3 a absorbé les plus hauts niveaux de Ca, Fe dans les pousses et de N dans les racines (Chomchalow, 2006, cit. Techapinyawat 2005).

Photo 6: Gauche : Ponton de vétiver dans des pig farm ponds à Bien Hoa ; droite : en Chine

4.2.4 Modélisation informatique pour les eaux usées industrielles
Les modèles informatiques sont devenus des outils de plus en plus indispensables pour gérer les systèmes environnementaux, y compris les plans de gestion complexes d'eaux usées comme l'évacuation des eaux usées industrielles. Dans le Queensland (Australie), l'"Autorité chargée de la protection de l'environnement a adopté MEDLI (Modèle pour l'évacuation d'effluent utilisant l'épandage des boues sur le sol) comme modèle de base pour la gestion des eaux usées industrielles. Le développement significatif le plus récent en matière d'utilisation du SV pour l'évacuation des eaux usées est l'étalonnage MEDLI du vétiver pour l'absorption de nutriment et l'irrigation d'effluent (Vieritz, et al., 2003), (Truong, et al., 2003a), (Wagner, et al., 2003), (Smeal, et al., 2003).

4.2.5 Modélisation informatique pour les eaux usées domestiques
Un modèle informatique a été récemment élaboré en Australie subtropicale pour estimer la zone de plantation de vétiver nécessaire pour évacuer le débit des eaux noires et grises de chaque habitation. Par exemple, une zone de plantation de vétiver de 77 m², avec une densité de 5 plants/m², est nécessaire pour desservir un ménage de six personnes, sur la base d'un débit de 120 l/personne/jour.

4.2.6 Tendance future
Avec l'apparition des pénuries d'eau à travers le monde, les eaux usées doivent être considérées comme une ressource renouvelable plutôt que comme un problème ayant besoin d'évacuation. La tendance actuelle est de recycler les eaux usées à usage industriel et domestique au lieu de les évacuer. Le potentiel du SV comme moyen simple, hygiénique et peu coûteux pour traiter et recycler les eaux usées produites par les activités de l'homme est donc énorme. Figure 5.

Un développement plus intéressant en matière de traitement des eaux usées est l'utilisation du vétiver dans les bassins roselières plantés en terre. Dans cette nouvelle application, la qualité et la quantité du débit d'eau peuvent être ajustées pour satisfaire une norme établie. GELITA APA, en Australie, développe et teste ce système. Plus de détails sur ce système figurent dans (Smeal et al. 2006). Figure 6.

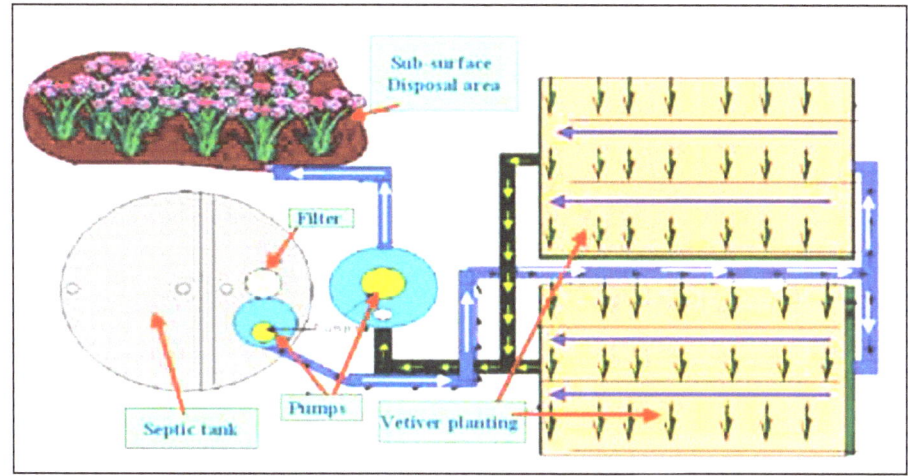

Figure 5 : Maquette d'un système d'évacuation domestique

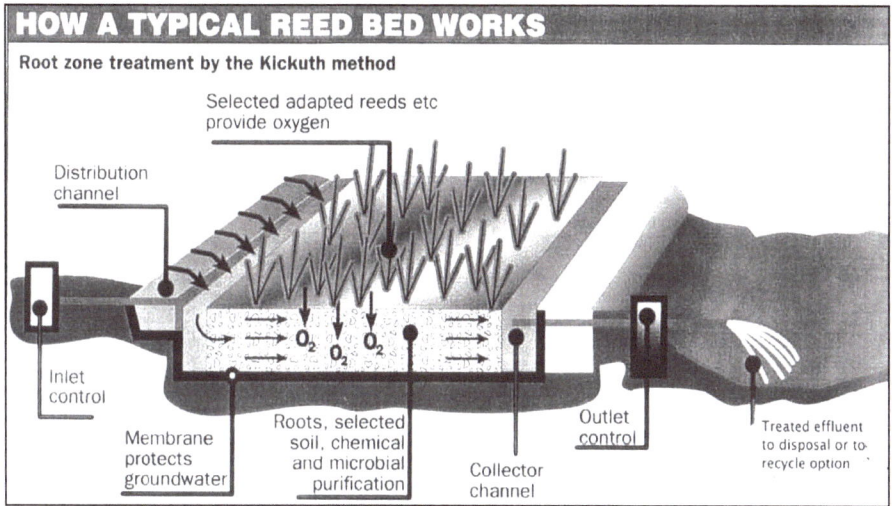

Figure 6 : Chantier d'un lit de roseaux typique

5. TRAITEMENT DE TERRES CONTAMINEES

Parmi les développements les plus significatifs en matière de protection de l'environnement des 15 dernières années figurent les tolérances documentées du vétiver aux conditions de sol et aux toxicités de métal lourd. Ces références ont ouvert un nouveau champ à l'application du SV : la réhabilitation des terres toxiques et contaminées.

5.1 Tolérance aux conditions adverses
5.1.1 Tolérance à l'acidité élevée et à la toxicité de l'aluminium et du manganèse

La recherche montre que les engrais N et P n'affectent pas la croissance du vétiver, même sous des conditions extrêmement acides (pH = 3,8) et à un très haut niveau de pourcentage de saturation du sol en aluminium (68%). Les tests en champ confirment que le vétiver pousse de manière satisfaisante dans un sol à pH = 3,0 et un niveau d'aluminium entre 83-87%.

Cependant, étant donné que le vétiver ne peut pas survivre à un niveau de saturation du sol en aluminium de 90% avec un pH = 2,0, son seuil de tolérance est quelque part entre 68% et 90%. Cette tolérance est exceptionnelle, vu que la plupart des plantes sont adversement affectées à des niveaux inférieurs à 30%. De plus, la croissance du vétiver est restée inaffectée lorsque le manganèse extractible dans le sol a atteint 578 mg/kg, le pH du sol était bas (3,3), le contenu de la plante en manganèse élevé (890 mg/kg). Etant donné sa haute tolérance à la toxicité de Al et de Mn, le vétiver a été utilisé pour lutter contre l'érosion dans des sols acido-sulfatés avec un pH d'environ 3,5 et un pH oxydé aussi bas que 2,8 (Truong and Baker, 1998). Photos 7 et 8.

Photo 7 : Dans des conditions de champ, le vétiver se porte bien dans un sol à pH=3.8 et une saturation en Al de 68% et 87%

Photo 8 : La croissance du vétiver a été inaffectée à un pH=3.3 et à un niveau extrêmement élevé de Mn de 578 mg/kg

5.1.2 Tolérance à une haute salinité et sodicité du sol

Etant donné son niveau de seuil de salinité de ECse = 8 dS/m, le vétiver peut être comparé avantageusement à certaines des cultures et plantes de paturage les plus tolérantes au sel cultivées en Australie, notamment le Bermuda Grass (Cynodon dactylon) avec un seuil de salinité de 6,9 dS/m ; l'herbe de Rhodes (Chloris gayana)

(7,0 dS/m) ; l'agropyron (Thynopyron elongatum) (7.5 dS/m) et l'orge (Hordeum vulgare) (7,7 dS/m). Avec un apport adéquat de N et de P, le vétiver a poussé de manière satisfaisante sur les résidus Na de bentonite avec un pourcentage de sodium échangeable de 48% et une surcharge houillère avec un niveau de sodium échangeable de 33%. La sodicité de cette surcharge était en plus exacerbée par le niveau très élevé de magnésium (2400 mg/kg) par rapport au calcium (1200 mg/kg) (Truong, 2004).

Photo 9: Le vétiver tolère une haute salinité du sol. Remarquer que le 4e pot à partir de la gauche représente la moitié de la salinité de l'eau de mer.

5.1.3 Distribution des métaux lourds dans la plante de vétiver
- La distribution de métaux lourds dans le vétiver peut être divisée en trois groupes :
- Zn était quasi uniformément distribué entre pousses et racines (40%)
- De petites quantités absrobées de As, Cd, Cr et Hg étaient transmises vers les pousses (1%-5%)
- Des quantités modérées de Cu, Pb, Ni et Se ont été transmises vers le haut (16%-33%) (Truong, 2004).

5.1.4 Tolérance aux métaux lourds
Le vétiver est hautement tolérant à As, Cd, Cr, Cu, Hg, Ni, Pb, Se et Zn. Tableau 2.

Tableau 2 : Niveaux de seuil des métaux lourds : vétiver et autres plantes

Métaux lourds	Niveaux de seuil du sol (mg/kg) (available)		Niveaux de seuil de la plante (mg/kg)	
	Vétiver	Autres plantes	Vétiver	Autres plantes
Arsenic	100-250	2,0	21-72	1-10
Cadmium	20-60	1.5	45-48	5-20
Cuivre	50-100	Non disponible	13-15	15
Chrome	200-600	Non disponible	5-18	0,02-0,20
Plomb	>1 500	Non disponible	>78	Non disponible
Mercure	>6	Non disponible	>0,12	Non disponible
Nickel	100	7-10	347	10-30
Selenium	>74	2-14	>11	Non disponible
Zinc	>750	Non disponible	880	Non disponible

5.2 Réhabilitation et phytoremédiation de mines

Vu ses characteristics morphologiques et physiologiques extraordinares, le vétiver a été utilisé avec succès pour réhabiliter les déchets de roche des mines et phyto-remédier les résidus miniers :

- en Australie : charbon, or, bétonite et bauxite
- au Chili : cuivre
- en Chine : plomb, zinc et bauxite (Wensheng Shu, 2003)
- en Afrique du Sud : or, diamant et platine
- en Thaïlande : lead
- au Venezuela : bauxite

Photo 10 : Gauche : Réhabilitation d'une mine de charbon en Australie ; droite : mine de bauxite au Venezuela

Photo 10: Mine de Nickel au Sude des Phillipines protégée par le Vetiver et des nattes en cordes (Biosolutions, Inc)

6. REFERENCES

Ash R. and Truong, P. (2003). The use of herbe de vétiver wetland for sewerage treatment in Australia. Proc. Third International Vetiver Conf. China, October 2003.

Chomchalow, N, (2006). Review and Update of the Vetiver System R&D in Thailand. Proc. Regional Vetiver Conference, Cantho, Vietnam.

Cull, R.H, Hunter, H, Hunter, M and Truong, P.N. (2000). Application of Vetiver Grass Technology in off-site pollution control. II. Tolerance of vetiver grass towards high levels of herbicides under wetland conditions. Proc. Second International Vetiver Conf. Thailand, January 2000.

Hart, B, Cody, R and Truong, P. (2003). Efficacy of vetiver grass in the hydroponic treatment of post septic tank effluent. Proc. Third International Vetiver Conf. China, October 2003.

Liao Xindi, Shiming Luo, Yinbao Wu and Zhisan Wang (2003). Studies on the Abilities of *Vetiveria zizanioides* and Cyperus alternifolius for Pig Farm Wastewater Treatment. Proc. Third Internacional Vetiver Conf. China, October 2003.

Lisena, M.,Tovar,C. and Ruiz, L.(2006) "Estudio Exploratorio de la Siembra del Vetiver en un Área Degradada por el Lodo Rojo". Proc. Fourth International Vetiver Conf. Venezuela, October 2006.

Luque, R, Lisena ,M and Luque, O. (2006). Vetiver System for environmental protection of open cut bauxite mine at Los Pijiguaos-Venezuella. Proc. Fourth International Vetiver Conf. Venezuela, October 2006

Luu Thai Danh, Le Van Phong. Le Viet Dung and Truong, P. (2006). Wastewater treatment at a seafood processing factory in the Mekong delta, Vietnam. Proc. Fourth International Vetiver Conf. Venezuela, October 2006.

Percy, I. and Truong, P. (2005). Landfill Leachate Disposal with Irrigated Vetiver Grass. Proc, Landfill 2005. National Conf on Landfill, Brisbane, Australia, September 2005

Smeal, C., Hackett, M. and Truong, P. (2003). Vetiver System for Industrial Wastewater Treatment in Queensland, Australia; Proc. Third International Vetiver Conf. China, October 2003.

Truong, P.N.V. (2004). Vetiver Grass Technology for mine tailings rehabilitation. Ground and Water Bioengineering for Erosion Control and Slope Stabilization. Editors: D. Barker, A. Watson, S. Sompatpanit, B. Northcut and A. Maglinao. Science Publishers Inc. NH, USA.

Truong, P.N. and Baker, D. (1998). Vetiver grass system for environmental protection. Technical Bulletin N0. 1998/1. Pacific Rim Vetiver Network. Royal Development Projects Board, Bangkok, Thailand.

Truong, P.N. and Hart, B. (2001). Vetiver System for wastewater treatment. Technical Bulletin No. 2001/2. Pacific Rim vetiver Network. Royal Development Projects Board, Bangkok, Thailand.

Truong, P.N., Mason, F., Waters, D. and Moody, P. (2000). Application of vetiver Grass Technology in off-site pollution control. I. Trapping agrochemicals and nutrients in agricultural lands. Proc. Second International Vetiver Conf. Thailand, January 2000.

Truong, P. and Smeal (2003). Research, Development and Implementation of Vetiver System for Wastewater Treatment: GELITA Australia. Technical Bulletin No. 2003/3. Pacific Rim vetiver Network. Royal Development Projects Board, Bangkok, Thailand.

Truong, P., Truong, S. and Smeal, C. (2003a). Application of the vetiver system in computer modelling for industrial wastewater disposal. Proc. Third International vetiver Conf. China, October 2003.

Vieritz, A., Truong, P., Gardner, T. and Smeal, C. (2003). Modelling Monto vetiver growth and nutrient uptake for effluent irrigation schemes. Proc. Third International vetiver Conf. China, October 2003.

Wagner, S., Truong, P, Vieritz, A. and Smeal, C. (2003). Response of vetiver grass to extreme nitrogen and phosphorus supply. Proc. Third International Vetiver Conf. China, October 2003.

Wensheng Shu (2003) Exploring the Potential Utilization of Vetiver in Treating Acid Mine Drainage (AMD). Proc. Third International Vetiver Conf. China, October 2003.

PARTIE 5 – LUTTE CONTRE L'ÉROSION EN EXPLOITATION AGRICOLE ET AUTRES USAGES DU VÉTIVER

SOMMAIRE

1. INTRODUCTION	66
2. CONSERVATION DES SOLS ET DES EAUX POUR UNE PRODUCTION DURABLE	67
2.1 Principes de conservation des sols et des eaux	67
2.2 Caractéristiques du vétiver adaptées aux pratiques du sol et de l'eau	67
2.3 Berges de courbe a niveau ou systèmes de terrasses versus Système Vétiver	68
2.4 Applications aux plaines d'inondation	70
2.5 Applications aux terrains en pente	71
2.6 Effets de la perte de sol	73
2.7 Conception et vulgarisation ; les considérations des agriculteurs	75
3. AUTRES APPLICATIONS MAJEURES EN EXPLOITATION AGRICOLE	77
3.1 Protection des cultures : lutte contre l'agrile du maïs et du riz	77
3.2 Alimentation animale	78
3.3 Paillis pour lutter contre les mauvaises plantes et conserver l'humidité	79
4. REHABILITATION DES TERRES AGRICOLES ET PROTECTION DES COMMUNAUTES REFUGIEES DES INONDATIONS	80
4.1 Stabilisation des dunes de sable	80
4.2 Valorisation de la productivité sur sol sableux et salin-sodique sous des conditions semi-arides	82
4.3 Lutte contre l'érosion sur des sols acides-sulfatés	84
4.4 Protection des communautés réfugiées des inondations ou grappes de population	85
4.5 Protection des infrastructures agricoles	85
5. AUTRES USAGES	87
5.1 Artisanat	87
5.2 Toiture de chaume	89
5.3 Fabrication de briques crues	89
5.4 Ficelles et cordes	90
5.5 Décoration (plantes ornementales)	90
5.6 Extraction d'huile à des fins médicinales et cosmétiques	91
6. REFERENCES	

1. INTRODUCTION

Des années d'expérience dans un grand nombre de pays ont confirmé que, même si les agriculteurs ont adopté le vétiver pour conserver le sol, cette application n'était pas nécessairement la principale raison de son adoption initiale. Au Venezuela, par exemple, le vétiver a d'abord été cultivé pour fournir du matériel destiné à l'artisanat. Une fois que les artisans ont adopté les feuilles séchées, belles et faciles à tisser, l'application du vétiver pour la conservation du sol a été plus facile à introduire. Les haies de vétiver ont d'abord été appréciées au Cameroun comme barrière pour éloigner les serpents des cours, et, à d'autres endroits, le vétiver a été utilisé pour délimiter des lignes frontalières (les frontières marquées par des arbres pouvant faire l'objet de contestation). Dans d'autres lieux encore, la première raison pour laquelle le vétiver a été accepté est parce qu'il permettait de lutter contre les ravageurs des haricots stockés et contre l'agrile du maïs (Afrique du Sud). Cette Partie aborde plusieurs applications du vétiver communément pratiquées par les agriculteurs.

2. CONSERVATION DU SOL ET DE L'EAU POUR UNE PRODUCTION DURABLE

2.1 Principes de conservation du sol et de l'eau
L'objectif de la pratique de conservation du sol est de réduire l'érosion du sol causée par l'eau et le vent. Dans le cas de l'érosion due à l'eau, les particules du sol sont d'abord délogées par un volume excessif d'eau et/ou la grande vitesse d'un débordement terrestre des eaux. L'érosion due au vent est causée par la grande vitesse de ce dernier au niveau du sol sur une surface nue.

Les principaux objectifs des pratiques de lutte contre l'érosion de l'eau sont donc de protéger la surface du sol afin qu'elle ne se dégage pas sous l'impact des gouttes de pluie, de réduire le volume des eaux de ruissellement à l'aide du couvert végétal et de contrôler ou de diminuer la vitesse du débordement terrestre. Les berges de contour/détournement (terrasses) sont conçues pour dériver les eaux de ruissellement vers un débouché sûr, une voie d'eau ou un réseau de drainage. Les barrières végétales comme les haies de vétiver plantées perpendiculairement aux pentes ou suivant les courbes a niveau permettent de contrôler les eaux de ruissellement, en les épandant et en les ralentissant lorsqu'elles s'infiltrent lentement à travers la haie. Le pouvoir érosif de l'eau et du vent étant proportionnels à la vitesse du débit (la vitesse des eaux descendantes et la force du vent), le principe de base de la conservation du sol est de réduire la vitesse de l'eau et de l'air. Correctement installées, les haies de vétiver permettent de lutter efficacement contre l'érosion de l'eau et du vent.

L'objectif de la pratique de conservation de l'eau est d'augmenter l'infiltration de l'eau dans la structure du sol. Cet objectif peut être atteint plus facilement à travers le couvert végétal, en particulier les haies végétales. Plantées perpendiculairement à la pente ou aux lignes de contour, les haies denses du vétiver forment une barrière lentement perméable qui épand les eaux de ruissellement et réduit leur vitesse, laissant ainsi plus de temps pour l'infiltration, au sol d'absorber l'eau et à la haie de piéger les sédiments.

2.2 Caractéristiques du vétiver adaptées aux pratiques de conservation du sol et de l'eau.
Les caractéristiques uniques du vétiver particulièrement importantes pour la conservation du sol et de l'eau sont les suivantes :
- Système racinaire noué au sol : profond, pénétrant, massif, racines fibreuses.
- Souches hautes et raides formant une haie dense, retardant et épandant efficacement le débit d'eau et réduisant ainsi son pouvoir érosif.
- Tolérance à toutes sortes de conditions adverses de mauvais sols, notamment les environnements acides-sulfatés, alcalins, salins et sodiques.
- Capacité de résister à une immersion prolongée.
- Adaptabilité à un large éventail de conditions climatiques ; poussant aussi bien dans les zones montagneuses plus froides du Nord et dans des conditions extrêmement sèches dans les dunes des zones côtières centrales.
- Multiplication végétale facile.
- Stérilité : le vétiver fleurit mais ne produit pas de graine. Le vétiver (*C. zizanioides*) n'ayant pas de souches souterraines ou au-dessus du sol, il reste là où il est planté et ne devient pas une mauvaise

herbe. Contrairement à *C. nemoralis*, une espèce indigène du Vietnam qui produit des graines fertiles, *C zizanioides* est stérile et a un système racinaire massif. La Partie 1 de ce manuel décrit en détail les principales différences entre les deux espèces.
- Système racinaire vertical, avec très peu de croissance latérale des racines. Ceci fait que le vétiver, lorsqu'il est planté en culture intercalaire, ne rivalise généralement pas avec les cultures commerciales pour les nutriments et l'eau.

La Partie 1 de ce manuel décrit en détail les caractéristiques du vétiver. Elle met l'accent sur l'important rôle joué par les deux premières caractéristiques de cette plante dans l'agriculture : le système racinaire du vétiver qui se noue au sol et la capacité de la plante à former des haies denses. Aucune autre plante n'a un système racinaire aussi solide que celui du vétiver qui permet de lutter contre l'érosion en plein champ. Sur les terrains plats et les sols ravinés, où la vitesse des décrues violentes peut être dévastatrice, les racines profondes et solides du vétiver empêchent la plante de se dégager. Le vétiver peut résister à des courants extrêmement forts.

Photo 1 : De forts courants sur ce cours d'eau en Australie ont aplati les herbes indigènes, mais n'ont pas affecté la haie de vétiver, dont les souches raides ont réduit la vitesse des eaux et leur pouvoir érosif

En plus de réduire l'érosion en surface des terrains en pente, le système racinaire du vétiver contribue aussi à la stabilité des pentes. Comme le montre la Partie 1, ses racines profondes et fibreuses réduisent le risque de glissement ou d'effondrement de terrain.

Les souches raides du vétiver forment une haie dense qui réduit la vitesse de l'eau, laisse plus de temps à l'eau d'infiltrer le sol, et, quand c'est nécessaire, détourne les eaux de ruissellement en surplus. Il s'agit du principe de lutte contre l'érosion 'flowthrough' dans les exploitations agricoles des plaines d'inondation et les pentes raides des régions à fortes précipitations.

2.3 Berges de courbes à niveaux ou systèmes de terrasses versus système flowthrough du vétiver
Une analyse menée par la Banque mondiale a comparé l'efficacité et la valeur concrète des différents systèmes de conservation du sol et de l'eau. Ses résultats révèlent que les mesures construites doivent être spécifiques au site et nécessitent une conception et une ingénierie détaillées et précises. Par ailleurs, tous les systèmes en dur nécessitent un entretien régulier. Toutes les études montrent aussi que si les ouvrages construits réduisent les pertes de sol, ils ne réussissent pas à réduire les eaux de ruissellement de manière significative. Dans certains cas, ils ont même un impact négatif sur l'humidité du sol (Grimshaw 1988).

En revanche, lorsqu'il est planté perpendiculairement à la pente suivant les courbes à niveaux, le système de conservation végétale forme une barrière protectrice qui ralentit les eaux de ruissellement et amasse les dépôts de sédiment. Vu que les barrières ne filtrent que les eaux de ruissellement, mais n'arrivent qu'à rarement les détourner, l'eau pénètre à travers la haie, atteignant le bas de la pente à vitesse plus faible, sans entraîner aucune érosion et sans se concentrer dans une zone particulière. Il s'agit du système flowthrough (Greenfield 1989), un contraste aigu avec le système des terrasses de cours à niveaux/voies d'eau où les eaux de ruissellement sont collectées par les terrasses et rapidement dérivées du champ pour réduire leur potentiel érosif. Etant donné que ces eaux sont collectées et concentrées dans les voies d'eau où la majeure partie de l'érosion a lieu sur les terrains agricoles, particulièrement les terrains en pente, elles sont perdues à jamais pour le champ. Le système flowthrough, par contre, conserve cette eau et protège des pertes le sol des voies d'eau. Figure 1.

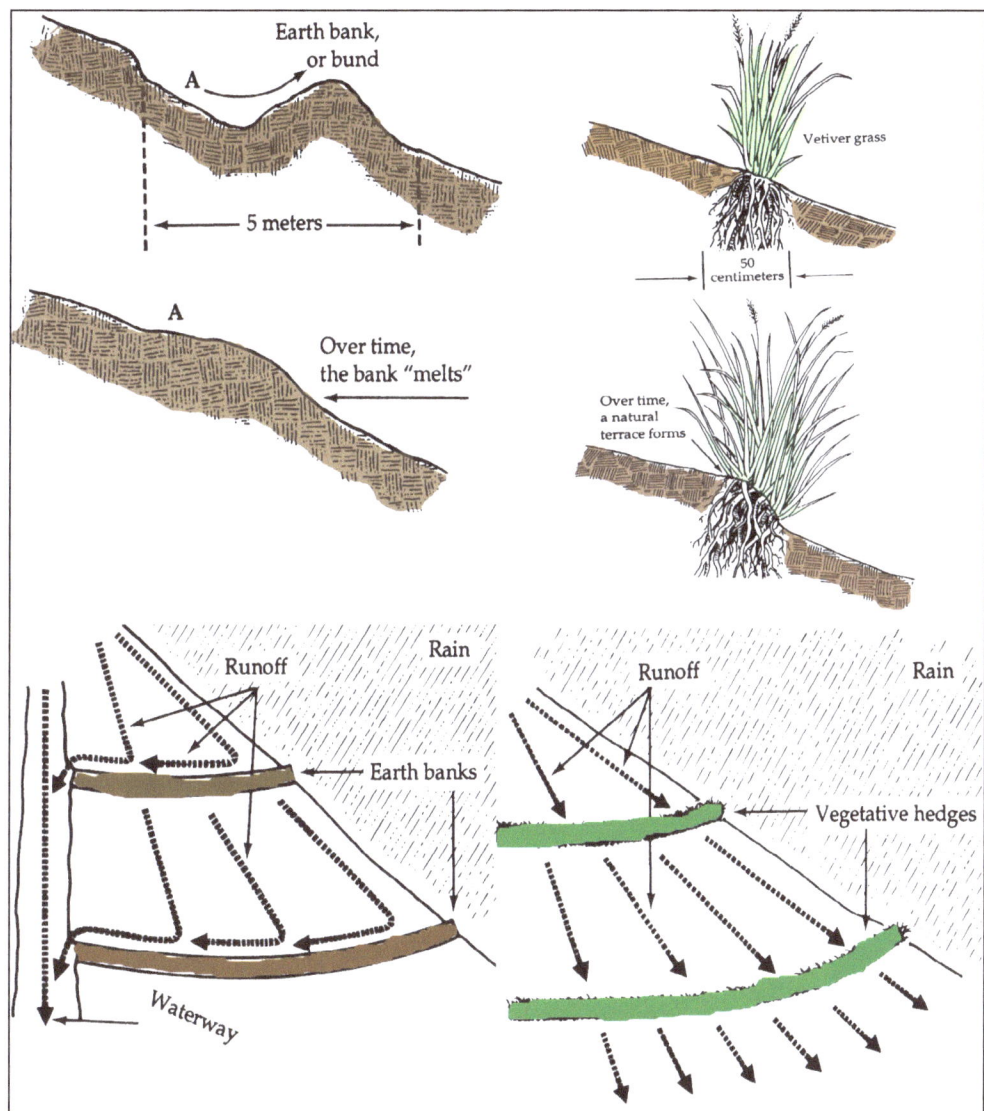

Figure 1 : En haut à gauche : berge de courbes à niveaux ; en bas à gauche : les berges détournent l'eau ; en haut à droite : Des haies de vétiver créent, avec le temps, des berges ou des terrasses ; en bas à droite : Des haies de vétiver ralentissent les eaux de ruissellement pour accroître l'infiltration, ce qui permet à l'eau de rester dans le champ (Greenfield 1989)

Cette pratique de conservation de l'eau est très importante dans les régions à faibles précipitations comme les hauts plateaux du centre et le centre côtier du Vietnam et dans des régions du Maroc. Idéalement, les espèces à utiliser comme barrières pour lutter efficacement contre l'érosion et les sédiments doivent avoir les caractéris-

tiques suivantes (Smith and Srivastava 1989) :
- Former une haie haute, raide et uniformément dense qui offre une grande résistance au débordement terrestre de l'eau et possède des racines étendues et profondes qui se nouent au sol et préviennent les rigoles et le décapage près de la barrière.
- Survivre à l'humidité et à la pression des nutriments et rétablir une bonne croissance rapide après les pluies.
- Entraîner des pertes minimales de récoltes (la barrière ne doit pas proliférer comme mauvaise herbe, ne pas rivaliser pour l'humidité, les nutriments et la lumière et n'héberger ni ravageurs ni maladies).
- Ne nécessiter qu'une petite largeur pour être efficace.
- Fournir des matériaux ayant une valeur économique pour les agriculteurs. Le vétiver présente toutes ces caractéristiques. Il est le seul à bien pousser dans des conditions arides et humides et des certaines conditions extrêmes de sol et à survivre à de grandes variations de température (Grimshaw 1988).

2.4 Application aux plaines d'inondation
- Le SV est un important outil pour lutter contre l'érosion des crues dans toutes les plaines d'inondation des grands fleuves au Vietnam. Son utilisation n'est pas restreinte au delta du Fleuve rouge dans le nord et au delta du Mékong dans le sud. Son application est particulièrement importante dans les provinces côtières du centre, où ont régulièrement lieu des crues éclairs aux effets dévastateurs, comme le cas de la plaine d'inondation de Lam River dans la province de Nghe An. Les haies de vétiver dans les plaines d'inondation:
- réduisent la vitesse du débit en abritant les cultures ainsi que le pouvoir érosif des eaux de ruissellement ;
- piègent le sol fertile alluvial sur le site, ce qui maintient la fertilité de la plaine ;
- augmentent l'infiltration de l'eau dans les régions à faibles précipitations comme la province de Ninh Thuan.

La culture en bandes est basée sur un système flowthrough similaire à celui fourni par les haies de vétiver, mais n'empêche pas les cultures d'être abritées, car elle ne réduit pas la vitesse des eaux de ruissellement. Contrairement aux haies de vétiver, cette méthode requiert un strict enchaînement de la rotation des cultures, aussi ne peut-elle pas être mise en œuvre pendant les périodes de sécheresse, les cultures ne pouvant pas être plantées. La culture en bandes a été efficacement utilisée dans les plaines d'inondation de la région des Darling Downs en Australie pour atténuer les dégâts des décrues dans les cultures et lutter contre l'érosion du sol des terres à faible inclinaison soumises à de profondes inondations.

Dans un grand essai en champ à Jondaryan (Darling Downs, Queensland, Australie), six rangées de vétiver totalisant plus de 3 000 m (900 pieds linéaires) ont été plantées sur le contour avec un espacement de 90 m (180 feet). Ces rangées ont fourni une protection permanente contre les décrues. Les données collectées d'un petit débit sur le site montre que les haies réduisent significativement la profondeur et l'énergie du flux d'eau à travers les haies. A basse dépression, une seule haie a piégé 7,25 tonnes de sédiments. Les résultats des dernières années, notamment lors de plusieurs crues importantes, confirment que le SV réussit à réduire la vitesse de l'inondation et à limiter le mouvement du sol, avec très peu d'érosion dans les bandes en jachère (Truong et al. 1996, Dalton et al. 1996a and Dalton et al. 1996b). Cet essai démontre que le SV est une alternative viable pour les pratiques des cultures intercalaires dans les plaines d'inondation australiennes.

Photo 2 : Gauche : Les sédiments fertiles restent tandis que la décrue passe la haie de vétiver ; droite : une culture saine de sorgho survit à une crue sur la plaine d'inondation de Darling Downs, en Australie

2.5 Application sur les terrains en pente

En Inde, sur un terrain cultivé avec une pente de 1,7%, les haies de contour de vétiver ont réduit le ruissellement (comme pourcentage des précipitations) de 23,3% (témoin) à une pente de 15,5% et la perte de sol de 14,4 t/ha à 3,9 t/ha, et augmenté la récolte de sorgho de 2,52 t/ha à 2,88 t/ha sur une période de quatre ans. L'augmentation du rendement était principalement attribuée au sol in situ et la conservation de l'humidité pendant toute la toposéquence a été protégée par le système de haies du vétiver (Truong 1993). Cultivées en petites parcelles à l'Institut international de recherche des cultures pour les tropiques semi-arides (ICRISAT), les haies de vétiver étaient plus efficaces pour lutter contre les eaux de ruissellement et la perte de sol que la citronnelle ou les cordons pierreux. Le ruissellement des parcelles de vétiver était seulement de 44% de celui des parcelles témoins sur une pente de 2,8% et de 16% sur une pente de 0,6%. Des réductions moyennes de 69% du ruissellement et de 76% de la perte de sol ont été enregistrées dans les parcelles de vétiver, par rapport aux parcelles témoins (Rao et al. 1992).

Photo 3 : Vétiver planté sur une pente très raide pour la conservation du sol et de l'eau dans une plantation de thé en Inde (P Haridas)

Au Nigéria, les bandes de vétiver ont été établies sur des pentes à 6% au bout de parcelles d'écoulement de 20 m (60') pendant trois saisons de croissance pour évaluer leurs effets sur la perte de sol et d'eau, la rétention de l'humidité du sol et les rendements des cultures.

Les résultats ont montré que le vétiver a stabilisé le sol et les conditions chimiques sur toute la distance de 20 m (60') derrière la bande. Dans les parcelles de vétiver, les rendements des doliques ont augmenté de 11 à 26% et le maïs d'environ 50%. Dans des parcelles de ruissellement de 20 m sans vétiver (parcelle témoin), la perte de sol et les eaux de ruissellement ont été respectivement de 70% et de 130% plus élevés. Les bandes de vétiver ont accru le stockage de l'humidité du sol entre 1,9% et 50,1%, selon la profondeur. Le contenu nutritif des sols érodés des parcelles témoins était systématiquement moins riche que celui des parcelles de vétiver, ce qui a également amélioré d'environ 40% l'efficacité du nitrogène utilisé. Cette recherche démontre l'utilité des haies de vétiver comme mesure de conservation du sol et de l'eau dans le contexte nigérian (Babola et al. 2003).

Des résultats similaires ont été signalés au Venezuela et en Indonésie sur toute une série de pentes, de types de sol et de cultures. Au Natal, en Afrique du Sud, les haies de vétiver ont de plus en plus remplacé les berges de courbe à niveaux et les voies d'eau sur les terrains en pente de canne à sucre, ce qui a poussé les agriculteurs à conclure que le Système Vétiver est la forme la plus efficace et la plus rentable de conservation du sol et de l'eau sur le long terme (Grimshaw 1993). Une analyse coûts-bénéfices réalisée sur le bassin versant de Maheswaran en Inde a pris en considération les structures d'ingénierie et les barrières végétales de vétiver. Le Système Vétiver a été jugé le plus rentable, même durant ses étapes initiales, pour son efficience et son faible coût (Rao 1993).

En Australie, les travaux de recherche des 20 dernières années ont confirmé les résultats obtenus dans les autres pays, en particulier en ce qui concerne l'efficacité du vétiver pour la conservation du sol et de l'eau, la stabilisation des ravins, la réhabilitation des terres dégradées et le piégeage des sédiments dans les cours d'eau et les dépressions. Outre ces deux applications, le vétiver a prouvé sa versatilité en matière de:
- lutte contre l'érosion des crues dans les plaines d'inondation des Darling Downs ;
- lutte contre l'érosion dans les sols acides-sulfatés ;
- remplacement des berges de courbes à niveaux dans les terrains en pente de canne à sucre au nord du Queensland.

Au Vietnam, la majorité des expériences en exploitation basées sur le Système Vétiver ont été tirées du 'projet cassava' (un projet de la Fondation nippone : 'Valorisation de la durabilité des systèmes de cultures basées sur le Cassava en Asie', mis en œuvre en Chine, en Thaïlande et au Vietnam (1994-2003) en collaboration avec l'université Thai Nguyen d'Agriculture et de Foresterie, l'Institut national pour la Fertilité du Sol et l'Institut vietnamien des sciences agronomes. Ce projet, qui s'est déroulé en collaboration avec les agriculteurs des zones montagneuses du nord, à Yen Bai, Phu Tho, Tuyen Quang et Thai Nguyen, ainsi que les parties montagneuses de la province de Thua Thien Hue et au sud-ouest. Note : le Cassava (Manihot esculenta) est l'une des plus importantes cultures de base des régions tropicales humides, mais en tant que culture tubéreuse généralement plantée en monoculture, c'est l'une des cultures des plus érosives des pays en développement. D'où l'importance de promouvoir des systèmes plus durables de production du cassava. Dans ce projet, les agriculteurs ont testé plusieurs combinaisons de mesures, notamment : 1. les cultures intercalaires (culture en courbes de niveau avec l'arachide), 2. l'introduction de matériel amélioré de plantation (variétés à branches basses pour réduire l'impact de la pluie) combinée à une plus grande fertilisation (organique et chimique), et enfin et surtout : 3. les haies anti-érosion et l'application du SV se sont révélées parmi les mesures les plus efficaces pour réduire la perte de sol (voir projet cassava CIAT).

Tableau 1 : Effets du SV sur la perte de sol et le ruissellement sur les terres agricoles

Pays	Perte de sol (t/ha)			Ecoulement (% de précipitation)		
	Témoin	Conventionnel	SV	Témoin	Conventionnel	SV
Thaïlande	3,9	7,3	2,5	1,2	1,4	0,8
Venezuela	95,0	88,7	20,2	64,1	50,0	21,9
Venezuela (pente de 15%)	16,8	12,0	1,1	88	76	72
Venezuela (pente de 26%)	35,5	16,1	4,9			
Vietnam	27,1	5,7	0,8			
Bengladesh		42	6-11			
Inde		25	2			
		14,4	3,9		23,3	15,5

2.6 Effets sur la perte de sol

Si la réduction des pertes de sol a ses propres mérites, les agriculteurs jugent en fin de compte son importance en matière de maintien de la fertilité du sol de leurs exploitations. Lorsque ces sols sont profonds, les agriculteurs peuvent ne pas insister sur la conservation du sol, étant donné qu'elle nécessite du travail et occupe un terrain agricole utile. Toutefois, lorsque l'agriculture en pente est plus intensive et que les agriculteurs appliquent du fumier et/ou de l'engrais chimique, l'effet positif du vétiver n'est pas seulement de réduire la perte de sol, mais aussi de conserver la fertilité du sol et de prévenir le ruissellement en surface (Truong and Loch, 2004). Dans les zones plus humides, le système racinaire profound et étendu du vétiver a un avantage supplémentaire : il absorbe les nutriments solubles qui seraient autrement perdus dans les couches plus profondes et difficiles à atteindre du sol. Ces nutriments retournent dans le sol lorsque le vétiver est coupé et utilisé comme paillis et peuvent donc être recyclés. Dans les régions montagneuses du Nord du Vietnam, *Tephrosia* et l'ananas sauvage ont traditionnellement été utilisés comme haies (parfois en combinaison avec le terrassement) pour réduire la perte de sol. Mais l'efficacité de l'ananas sauvage est toutefois assez faible. Ses souches épaisses créent des tertres qui peuvent même aggraver l'érosion en concentrant et en forçant l'eau à travers les étroits espaces entre ces tertres. *Tephrosia* n'est efficace que tant que la plante demeure établie ; elle meurt au bout de deux à trois ans. Sur les pentes modérées, les haies de vétiver sont une alternative bienvenue au terrassement traditionnel qui est à forte densité de main-d'œuvre.

Photo 4 : Différence de perte de sol entre le vétiver (gauche) et Flemingia congesta (droite), un légume

Photo 5 : A Fidji, une terrasse de deux mètres de hauteur s'est formée naturellement en amont de la haie de vetiver en une période d'une trentaine d'années

Le Dr Pham Hong Duc Phuoc, de l'université Nong Lam, a dirigé des chercheurs au cours de tests sur les propriétés du vétiver en matière de conservation du sol, dans les plantations de café, sur des terres en pente dans la province de Dong Ngai (sud-ouest du Vietnam).

Photo 6 : Le vétiver lutte contre l'érosion dans une plantation de café dans les hauts plateaux centraux

En Indonésie, l'introduction du SV en exploitation agricole a été efficace à travers un programme d'éducation scolaire sur le jardinage bioorganique. Dans le projet de lutte contre la pauvreté à Bali, le SV est planté par les élèves dans des jardins, ainsi que le long des routes locales. Les enfants diffusent ensuite leurs connaissances à leurs familles.

Photo 7 : Les haies de vétiver protègent un jardin scolaire organique sur des pentes de 50% (projet de lute contre la pauvreté à l'est de Bali)

2.7 Conception et vulgarisation : considérations des agriculteurs

L'utilisation du vétiver pour lutter contre l'érosion du sol dans les exploitations a permis de faire comprendre les conclusions suivantes : les agriculteurs considèrent plusieurs facteurs avant de décider si et comment utiliser le vétiver (Agrifood Consulting International, mars 2004).

Les agriculteurs ayant participé à cette recherche (agriculteurs nantis, subventionnés pour effectuer l'essai) ont permis d'expliquer leur raisonnement. L'adoption de variétés de plants améliorés et d'engrais chimique figurait parmi leurs préoccupations les plus importantes. Leurs priorités et leur volonté d'adopter le vétiver comme méthode primaire de conservation du sol étaient différentes de celles des autres agriculteurs non subventionnés.

Une fois que les agriculteurs comprennent les principes du vétiver et ont l'opportunité d'estimer l'impact à court terme et à long terme du SV, ils sont beaucoup plus enclins à l'adopter. Il est donc important de les placer au centre de l'approche et de veiller à ce que chacun d'entre eux ajuste les directives (comme par exemple l'espacement recommandé) pour s'adapter à ses propres conditions. Sachant cela, l'encadrant sera plus en mesure de conseiller l'agriculteur pour assurer la réussite du système. Le recours à aux intrants subventionnés ou à d'autres matériaux pour inciter les agriculteurs à collaborer aux essais du SV et à l'adopter n'est pas préconisé, étant donné que cette méthode ne garantit pas la reproduction des résultats.

La liste de contrôle suivante est préconisée pour la faisabilité d'une adoption à large échelle du Système Vétiver à des fins de conservation du sol et de l'eau :

A. Quelle est l'importance du problème d'érosion du sol ?
- De quelle profondeur est le profil du sol ?
- A quel degré la perte de sol est-elle visible aux agriculteurs sur le site ou en aval ?
- Quel est le degré ou la valeur de la perte de sol ? Si les engrais ont été appliqués, les agriculteurs sont plus désireux de faire un effort pour protéger leur investissement et résister aux pertes dues au ruissellement ou à l'infiltration dans les couches plus profondes (le vétiver bien enraciné peut recouvrir l'azote soluble qui s'est rapidement infiltré dans les couches inférieures inaccessibles)
- Etant donné l'inclinaison de la pente et la texture du sol, dans quelle mesure le sol est-il propice à l'érosion ?
- Comment se comporte le SV par rapport aux autres méthodes disponibles de lute contre l'érosion (banquettes en courbes à niveaux , lignes en courbes à niveaux en pierre, paillis plastique et variétés de plantes à basses branches créant des ombrement rapides) ?

B. Quelle est l'importance du système de culture, par rapport à d'autres parties de l'exploitation ?

Les agriculteurs sont-ils plus intéressés à investir dans des pratiques de conservation qui produisent une culture rentable :

- Quelle est la valeur relative d'un morceau de terrain (désir d'investir en main-d'œuvre, trésorerie)?
- Quelle est la position générale de l'agriculteur ? Combien de main-d'œuvre/d'argent peut-il investir dans cette parcelle ? Qu'est-ce qui entre en jeu avec son temps/argent (des terres en paddy ou main-d'œuvre extra-agricole) ?
- L'agriculteur est-il suffisamment sûr du statut foncier pour justifier des efforts d'amélioration ?
- La distance entre les habitations et les exploitations justifie-t-elle l'investissement en main-d'œuvre?
- L'agriculteur peut-il utiliser le vétiver dans des applications complémentaires (voir chapitres suivants) ?
- Y a-t-il assez d'espace en pépinière pour multiplier le vétiver ou existe-t-il des possibilités de l'obtenir ailleurs ?
- Quelles politiques militent-elles contre l'application des mesures de conservation du sol et de l'eau?
- Quelles sont les limites écologiques affectant l'utilisation du vétiver ? (Le vétiver ne tolère pas l'ombre ; mais une fois établi, l'ombre constitue moins un problème.)

Photo 8 : Rendre la perte de sol visible (projet cassave CIAT)

Les agriculteurs sont exhortés de tester, comparer et combiner le Système Vétiver à d'autres pratiques de conservation du sol et de l'eau.

3. AUTRES APPLICATIONS MAJEURES EN EXPLOITATION AGRICOLE

3.1 Protection des cultures : lutte contrel'agrile (chenin de tige, ou "stem bore") du maïs et du riz

En Afrique et en Asie, les agriles s'attaquent au mais, au sorgho, au riz et aux millets. Les papillons de nuit pondent leurs œufs sur les feuilles des cultures. Le Professeur Johnnie van den Berg, entomologiste (School of Environmental Sciences and Development, université Potchefstroom, Afrique du Sud) a découvert que les papillons de nuit préfèrent pondre leurs œufs sur les feuilles de vétiver planté autour de la culture, au lieu de les pondre sur la culture de maïs ou de riz elle-même. Lorsque le choix existe, près de 90% des œufs sont déposés sur le vétiver au lieu des cultures.

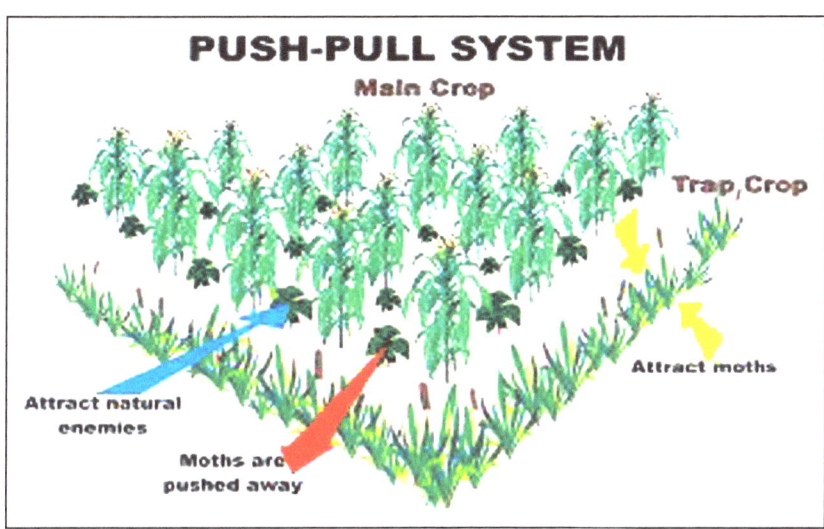

Figure 2 : Le système push-pull : le vétiver attire l'insecte qui vient pondre ses œufs là où ils ont peu de chance de survie.

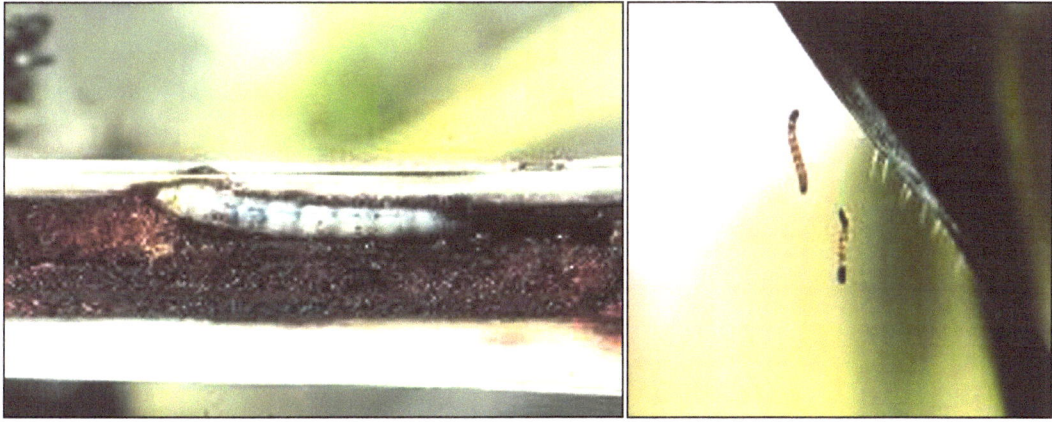

Photo 9 : (gauche) les feuilles poilues du vétiver en font un hôte inhospitalier ; les larves d'agrile - *Chilo partellus* (stem bore) retombent et meurent au sol

Les feuilles du vétiver étant durs et poilues, les larves qui y éclosent ne peuvent pas se déplacer facilement. Les larves se détachent de la plante et meurent sur le sol, entraînant ainsi un taux de mortalité très élevé, de près de 90%. Le vétiver recèle aussi beaucoup d'insectes utiles qui sont des prédateurs des ravageurs qui s'attaquent aux cultures. En coopération avec le Dr van den Berg, l'université Can Tho étudie actuellement l'application pratique de cet effet sur le riz. Les résultats préliminaires sont très prometteurs.

Photo 10 : Lutte contre l'agrile (stem bore) du maïs (Zululand, Afrique du Sud)

3.2 Alimentation animale

Les feuilles de vétiver constituent un fourrage savoureux facilement mangé par les bovins, les caprins et les ovins. Le Tableau 2 compare les valeurs nutritionnelles du vétiver à celles d'autres herbes subtropicales en Australie. Le jeune vétiver est assez nutritif, réellement comparable à Rhode et Kikuyu grass mûre. Cependant, la valeur nutritive du vétiver mûr est lente et manque de protéine crue. Une étude au Vietnam (Nguyen Van Hon, 2004) montre que le jeune vétiver peut partiellement remplacer l'herbe mûre de Brachiaria mutica comme aliment pour l'élevage des chèvres.

Photo 11 : Gauche : un buffalo broute le vétiver bordant la digue ; droite : des bovins mangent du jeune vétiver

Tableau 2 : Valeurs nutritionnelles du vétiver, de Rhode et de Kikuyu grass, Australie

Analytes	Unités	Vétiver			Rhodes	Kikuyu
		Jeune	Mûr	Vieux	Mûr	Mûr
Energie (ruminant)	kCal/kg	522	706	969	563	391
Digestibilité	%	51	50	-	44	47
Protéine	%	13,1	7,93	6,66	9,89	17,9
Fat	%	3,05	1,30	1,40	1,11	2,56
Calcium	%	0,33	0,24	0,31	0,35	0,33
Magnésium	%	0,19	0,13	0,16	0,13	0,19
Sodium	%	0,12	0,16	0,14	0,16	0,11
Potassium	%	1,51	1,36	1,48	1,61	2,84
Phosphore	%	0,12	0,06	0,10	0,11	0,43
Fer	mg/kg	186	99	81,40	110	109
Cuivre	mg/kg	16,5	4,0	10,90	7,23	4,51
Manganèse	mg/kg	637	532	348	326	52,4
Zinc	mg/kg	26,5	17,5	27,80	40,3	34,1

Les feuilles de vétiver sont des produits dérivés généralement utiles pour les mesures de conservation du sol et de l'eau, mais ne sont pas une plante de fourrage. Cependant, le vétiver peut être planté comme principale culture de fourrage sous certaines conditions (Voir PARTIE 4.2, où le vétiver a été utilisé pour la réhabilitation du sol dans la province de Ninh Thuan). Les pousses de vétiver sont nutritives lorsqu'elles sont taillées à intervalles entre un et trois mois, selon les conditions climatiques. Leur contenu nutritif, comme beaucoup de plantes tropicales, varie selon les saisons, le stade de croissance et la fertilité du sol.

Lorsque le vétiver est utilisé à d'autres fins, le fourrage peut constituer une valeur ajoutée. Après un hiver extrêmement dur dans la province de Quang Binh, le vétiver était le seul fourrage vert disponible ; le froid avait tué les autres herbes. En outre, le vétiver poussant sur les déchets des élevages porcins contient des contenus élevés de protéine crue, carotène et lutéine, des contenus plus faibles de Ca, Fe, Cu, Mn et Zn, et des niveaux acceptables de métal lourd ; Pb, As et Cd (Pingxiang Liu 2003).

3.3 Le paillis pour lutter contre les mauvaises herbes et conserver l'eau du sol
Etant donné leur contenu en silice plus élevé que celui d'autres herbes tropicales, comme *Imperata cylindrica*, les pousses de vétiver mettent plus de temps à se rompre. Cela rend le vétiver idéal pour être utilisé comme paillis et chaume de toiture (sous forme de chaume, il ne recèle pas d'insectes).

Lutte contre les mauvaises herbes : Lorsqu'elles sont étalées uniformément par terre, entières ou séchées, les feuilles de vétiver forment une épaisse natte qui supprime les mauvaises herbes. Le paillis de vétiver lutte efficacement contre les mauvaises herbes dans les plantations de café et de cacao des hauts plateaux centraux et dans les plantations de thé en Inde.

Conservation de l'eau : L'épais couvert du paillis de vétiver augmente l'infiltration de l'eau et réduit l'évaporation, qui est particulièrement importante dans les provinces côtières comme Ninh Thuan où le climat est chaud et sec. Il protège également la surface du sol de l'impact des gouttes de pluie, une cause majeure de l'érosion du sol.

Photo 12 : Le vétiver lutte contre l'érosion et son paillis supprime les mauvaises herbes dans les plantations à café des Hauts plateaux centraux

Photo 13 : Le paillis de vétiver lutte contre les mauvaises herbes dans une plantation de thé, au sud de l'Inde (P Haridas)

4. REHABILITATION DES TERRES AGRICOLES ET PROTECTION DES COMMUNAUTES REFUGIEES DES INONDATIONS

4.1 Stabilisation des dunes de sable

Les dunes de sable occupent plus de 70.000 ha (172.974 acres) le long du littoral du centre du Vietnam. Ces dunes sont très mobiles à cause des vents forts et très érodables durant les fortes pluies. Sans stabilisation, le sable envahit les terres agricoles, détruit les cultures et colmate rivières et ruisseaux. Les agriculteurs locaux souffrent donc d'énormes pertes. Les méthodes traditionnnelles pour arrêter le mouvement des dunes, qui comprennent la plantation du *Casuarinas* et de l'ananas sauvage, et la construction de petites digues faites de sable, sont inefficaces. La plantation de haies de vétiver offre les meilleures solutions à ce jour.

L'érude de cas suivante illustre le problème : dans la province de Quang Binh, le pied en pente d'une dune de sable était fortement érodé par un ruisseau à méandres qui servait de frontière naturelle entre les dunes et la pépinière d'une entreprise forestière. Le ruisseau qui coupait le pied de la dune inclinée déplaçait le sable, le déposant sur les exploitations irriguées en aval. Les agriculteurs, qui essayaient de détourner le courant de sable à l'aide de digues faites du sable des dunes, n'ont réussi qu'à transférer le problème à d'autres exploitations agricoles. La situation a créé des conflits entre les agriculteurs, et depuis, le ruisseau a été détourné de sa piste vers la dune, avec l'aide de l'entreprise de foresterie.

Quatre rangées de vétiver ont été plantées sur les lignes de courbes à niveaux sur la pente de la dune de sable, à partir du bord du ruisseau. Au bout de quatre mois à peine, les plants avaient formé des haies serrées et stabilisé le pied de la dune de sable. L'entreprise de foresterie était si impressionnée par ce résultat qu'elle a planté en masse le vétiver sur d'autres dunes de sable et l'a même utilisé pour protéger une culée de pont. La plante a encore surpris la population locale en survivant à l'hiver le plus froid en dix ans, lorsque la température a chuté en dessous de 10° C, une vague de froid qui a obligé les agriculteurs à replanter deux fois leur riz paddy et les Casuarinas. Au bout de deux années, les espèces locales comme le Casuarinas et l'ananas sauvage se sont rétablies d'elles-mêmes entre les rangées de vétiver.

A l'ombre des arbres indigènes, le vétiver avait dépéri, ayant accompli sa mission. Ce projet prouve à nouveau que le vétiver peut résister à des conditions climatiques et de sol très hostiles.

Plusieurs questions doivent être envisagées pour protéger une pente de dune :
1. Evaluer et planifier avec les communautés locales est très important car la communauté peut :
    i) apporter des idées utiles pour la planification
    ii) contribuer financièrement
    iii) fournir de la main-d'oeuvre pour la mise en œuvre
    iv) protéger et entretenir les plantations
    v) trouver de l'emploi grâce à l'établissement et à l'entretien du site.
2. Formation de la population locale : en apprenant à la population locale les méthodes de multiplication, de plantation et d'entretien du vétiver, il faut également veiller à lui donner des instructions sur les autres usages de la plante (fourrage, artisanat).
3. Multiplication : les pépinières locales peuvent être engagées pour multiplier le vétiver et fournir des boutures à racines nues pour l'installation.
4. Entretien et suivi : la communauté locale peut superviser et entretenir les plantations. Le sable sec bouge, enterrant ou même emportant la jeune plante, ce qui fait que la maintenance est importante au cours des premières étapes.

Photo 14 et 15 Haies communautaires de vétiver sur des dunes dans le district de Le Thuy et la province de Quang Binh.

Photo 14 : Début avril 2002 – le vétiver un mois après la plantation. Note : le paillis a été placé au-dessus de la rangée du haut (gauche). Mi-octobre 2002 (sept mois) : le casuarinas s'est établi entre les rangées de vétiver (droite

La photo 15: montre comment la communauté locale a vulgarisé la pratique, avec l'appui des forestiers locaux. Février 2003 : les rangées de la haie établies en octobre 2002 ont survécu à l'hiver le plus froid à Quang Binh

Le vétiver est également efficace pour réduire les souffles de sable. Pour cet usage, le vétiver doit être planté perpendiculairement à la direction du vent, en particulier dans les creux entre les dunes de sable, où la vitesse du vent généralement augmente. Cet usage a été testé sur les dunes côtières au Sénégal (Photo 17), ainsi que dans l'île de Pintang, au large des côtes à l'est de la Chine.

Photo 16 : Le vétiver protège les dunes dans une station balnéaire au Sénégal (gauche - M. Sy) et dans l'île de Pingtang, en Chine (droite) de l'érosion du vent. Il constitue également un brise-vent pour protéger les jeunes plantes

4.2 *Valorisation* de la productivité sur les sols sodiques sableux et salins sous des conditions semi-arides
Au sud du centre du Vietnam, Ninh Thuan et Binh Thuan sont deux provinces côtières qui partagent des conditions climatiques particulières. Bien que les deux provinces soient situées sur la côte, elles connaissent des conditions semi-arides, avec des précipitations annuelles entre 200-300 mm (8-12"). Cela entraîne de graves pénuries d'eau douce pour les cultures et l'élevage.

Le "sol" de la dune côtière est salin, alcalin et sodique, avec une mince couche de gypse compacté (sodique-pétrocalcique) juste sous la surface. La production agricole est très limitée dans la région, ce qui est dû aux mauvaises conditions de sol (la couche de gypse empêche les racines de pénétrer dans la couche plus humide du dessous), mais aussi au manque de précipitations. Les dunes côtières sont également sujettes à l'érosion du vent et de l'eau lorsqu'il pleut, aussi n'abritent-elles qu'une très rare végétation et peu de fourrage pour le bétail.

Tous ces facteurs contribuent à la pauvreté et aux conditions de vie extrêmement dures de la population locale.

De 2003 à 2005, le Professeur Le Van Du et ses étudiants de l'université d'agro-foresterie de Ho Chi Minh Ville on planté le vétiver sur ces sols salins sodiques pour déterminer si le SV peut améliorer la productivité des exploitations agricoles dans des conditions désertiques. Cette équipe de chercheurs a appris que le vétiver a poussé exceptionnellement bien une fois établi sous irrigation initiale. Durant les deux premiers mois, le vétiver a poussé deux à trois fois plus rapidement que toutes les autres cultures, donnant une biomasse fraîche de 12 tonnes sur des sols sableux non salins (96% sable) et de 25 tonnes sur des sols alcali-sodiques. En trois mois, ses racines ont pénétré à 70 cm (26,5"), à travers la couche de gypse compacté, atteignant l'humidité du sol que le maïs, le raisin et d'autres plantes ne pouvaient pas atteindre. Les scientifiques ont noté une grande amélioration dans la fertilité du sol seulement trois mois après, en particulier parce que le sel soluble et le pH avaient été fortement réduits. Même si le pH du sol avait changé après trois mois de culture du raisin, suite à l'installation du vétiver, le pH du sol a décliné jusqu'à 2 unités depuis la couche de surface à une profondeur de 1 m (3'), et le contenu de sel dissout. La réduction du contenu en sodium de plus de moitié a fortement amélioré la productivité des cultures locales comme le maïs et le raisin.

Photo 17: Les racines de vétiver ont pénétré la barrière de gypse compacté pour pomper l'eau souterraine et a fleuri ; sans irrigation, le maïs et le raisin sont morts

Photo 18 : Gauche : Sol sableux dans on état original ; droite : le même sol, aujourd'hui utilisé pour une vigne, après réhabilitation à base de paillis de vétiver

4.3 Lutte contre l'érosion sur des sols acides-sulfatés

Le développement de l'agriculture et de l'aquaculture dans une région au sol acide-sulfaté requiert une irrigation et un système de drainage efficace et stable. Les habitants de ces zones utilisent couramment le sol local (haute teneur en argile, faible pH, toxicité élevée) pour construire les infrastructures, qui sont sujettes à l'érosion du sol parce qu'elles ne peuvent pas supporter la plupart des plantes. Les zones acido-sulfatées ayant une mauvaise topographie et étant soumises à des crues annuelles, les communautés locales vivent dans des conditions très difficiles.

Trouvés dans différentes régions, les sols partagent des caractéristiques communes : très acides-sulfatés, pH entre 2,0 et 3,0 en saison sèche, et hauts niveaux de Al, Fe et SO_4^{-2}. Le contenu élevé du sol en argile le fait craquer quand il sèche, provoquant de grands trous qui laissent passer l'eau et entraînent l'érosion durant les saisons de pluies et de crues. Par conséquent, très peu de plantes endémiques peuvent s'établir et survivre pendant la saison sèche, notamment celles considérées comme des espèces localement tolérantes. Le vétiver a réussi à stabiliser les talus et à contrôler l'érosion des berges de canaux dans cinq sites situés sur des sols acides-sulfatés au Vietnam : une digue de protection des crues (protégeant une grappe de population ou communauté réfugiée des inondations) dans la province de Tien Giang, trois dans les provinces de Long An, et une section de digue de protection des crues près de Ho Chi Minh ville.

Planté dans des sacs en plastique, le vétiver s'est établi de lui-même sans difficulté dans les sols compromis. Bien que le vétiver n'ait jamais survécu lorsqu'il était planté en boutures à racines nues directement dans un sol frais acide-sulfaté, plus de 80% des boutures à racines nues ont survécu et poussé normalement dans le même sol lorsqu'une petite quantité de limon, de bonne terre arable ou de fumier a été d'abord ajoutée dans les sillons.

Les résultats suivants ont été enregistrés :
- Au bout de quatre mois, une fois établi, le vétiver a nettement réduit la perte de sol due à l'érosion. Les berges nues du canal ont perdu le sol à un taux de 400-750 tonnes/ha, par rapport à seulement 50-100 tonnes/ha sur un talus de canal protégé par le vétiver.
- Au bout de 12 mois, la perte de sol est devenue négligeable.
- Les berges ont été complètement stabilisées lorsque le vétiver a été taillé à 20-30 cm (8"-12") et les pousses utilisées comme paillis pour couvrir la partie nue de la berge (Le van Du and Truong, 2006).

4.4 Protection des communautés des réfugiés ou grappes de population

La majorité des inondations ont lieu annuellement dans plusieurs provinces du delta du Mékong au Sud du Vietnam. Ces crues atteignent généralement 6-8 m (18-24') de profondeur et peuvent également durer trois à quatre mois. Les maisons sont par conséquent inondées chaque année, à moins qu'elles ne soient situées sur des terres protégées par d'importants systèmes de digue. Les agriculteurs par subsistance doivent reconstruire leur maison chaque année, au prix de grands sacrifices personnels.

Photo 19 : Avant et après l'installation du vétiver dans des sols acides-sulfatés sur un talus dans la province de Tien Giang, au Vietnam

Pour surmonter ce problème, les gouvernements locaux désignent comme zones de communautés réfugiées des inondations ou zones de grappes de populations des terres relativement élevées qui ont été comblées à partir des sols avoisinants. Bien que ces zones construites soient assez élevées pour échapper aux crues annuelles prolongées, leurs berges sont très érodables et nécessitent d'être protégés contre les forts courants et les vagues qui apparaissent durant la saison des crues. Les haies-clôtures de vétiver ont été extrêmement efficaces pour protéger ces communautés contre l'érosion des crues, avec l'avantage en plus de traiter les effluents communautaires et les eaux usées pendant la saison sèche.

4.5 Protection des infrastructures agricoles

Le SV est largement utilisé pour protéger les infrastructures agricoles en stabilisant les barrages des exploitations agricoles, les digues d'aquaculture et les routes rurales, entre autres applications. La Photo 22 montre du vétiver réduisant l'impact d'un ravin qui draine l'eau depuis la zone inondée lors de la saison des pluies (arrière-plan) vers la rivière. Etant donné que le ravin menace aussi l'étang à crevettes (droite), le vétiver protége aussi les rives de l'étang, en particulier la zone où l'agriculteur draine l'eau de l'étang dans le ravin, l'endroit le plus vulnérable.

Photo 20 : gauche : Communauté réfugiée des inondations, dans le district de Tan Chau, An Giang Province ; (droite) the bank of the Cluster

Photo 21 : Le vétiver protège un étang à crevettes près d'un ravin naturel qui draine l'eau d'une rivière (province de Da Nang) ; ce modèle a été établi dans le cadre du premier projet de vétiver financé par l'ambassade des Pays-Bas au Vietnam

Photo 22 : Le vétiver, installé dans un forme de triangles croisé é, protège les digues de l'étang à crevettes à Quang Ngai

Photo 23 : La section droite de cette route rurale à Quang Ngai est protégée par le vétiver ; la section gauche n'est pas protégée

Le vétiver stabilise les pentes bordant les pistes et les rivières, prévenant les glissements de terrain dans les régions montagneuses et l'érosion des berges dans les plaines d'inondation. Aux Philippines et en Inde, le vétiver est aussi largement utilisé pour stabiliser les digues étroites qui séparent les rizières sur les terrains en pente. Cette plantation renforce les côtés de ces digues en réduisant la largeur de ces dernières, ce qui agrandit la zone disponible pour les cultures. L'avantage supplémentaire est que la plantation fournira du fourrage pour le bétail et les buffles pendant la saison sèche. La partie 3 aborde en détail la protection des berges des ruisseaux.

5. AUTRES USAGES
5.1 Artisanat

Les communautés rurales de Thaïlande, d'Indonésie, des Philippines, d'Amérique latine et d'Afrique utilisent des feuilles de vétiver pour produire un artisanat de qualité supérieure, une importante activité génératrice de revenu. "Vetiver Handicrafts in Thailand" publié par le Pacific Rim Vétiver Network (1999), est un guide bien illustré et pratique destiné à cet usage. Les références figurant à la fin de cette Partie fournissent des détails sur l'obtention de ce guide. Le Royal Development Projects Board of Thailand offre aux étrangers une formation gratuite sur la fabrication de produits d'artisanat à base de vétiver.

Photo 24 : Produits artisanaux à base de vétiver, en "tissu" fabriqué à base de feuilles tissées de vétiver et utilisé pour faire des coussins et des couvertures. Ceux-ci sont fabriqués au Mali

Photo 25 : Artisanat Thaïlandais typique avec l'appui du Royal Development Projects Board de Thailande

Photo 26 : Toit de chaume au Venezuela

Photo 27 : Produits artisanaux à base de vétiver fabriqués par une coopérative de femmes au Venezuela avec le soutien de la Fondation POLAR

5.2 Chaume de toiture

Les feuilles de vétiver durent plus longtemps que Imperata cylindrica, au moins deux fois plus longtemps d'après les agriculteurs de Thaïlande, d'Afrique et des îles du Pacifique sud, ce qui les rend particulièrement appropriés pour la fabrication de briques et de chaume. Les usagers signalent que les feuilles repoussent les termites.

Photo 28 : De gauche à droite : Toits de chaume à Fiji, au Vietnam et au Zimbabwe

5.3 Fabrication de briques compacté s

La paille de vétiver est largement utilisée au Sénégal (Afrique) pour fabriquer des briques artisanal qui résistent aux fissures. La construction de l'habitat en Thaïlande utilise des briques et des colonnes en argile composite auxquelles sont ajoutées des feuilles de vétiver. Ces matériaux de construction ont une conductivité thermale plutôt faible, rendant ainsi la construction confortable et efficace en économie d'énergie, ainsi qu'en technologie intensive en main-d'œuvre.

5.4 Ficelles et cordes

Les agriculteurs qui cultivent le riz, principale culture du delta du Mékong, ont découvert un autre usage pour les feuilles de vétiver : comme ficelle pour attacher les semis et la paille de riz. Ils préfèrent la ficelle de vétiver parce qu'elle est pliante et robuste, même plus pliante et plus solide que la ficelle de banane, le jonc et la palme Nipa couramment utilisée.

Photo 29 : Gauche : Le vétiver renforce une structure en bois au bord d'une rivière ; droite : couper les feuilles de vétiver pour en faire des ficelles pour attacher le riz

5.5 Plantes ornementales

Le vétiver adultes fait de très jolies têtes à fleurs violet clair, qui peuvent être utilisées comme fleurs coupées, fleurs en pot ou dans les jardins et autres espaces publics ouverts comme les lacs et les parcs.

Photo 30 : Le vétiver borde un lac dans une banlieue chic (Brisbane, Australie)

Photo 31: Différentes applications ornementales en Australie, Chine et Vietnam

5.6 Extraction d'huile à des fins médicinales et cosmétiques

En Afrique, en Inde et en Amérique du Sud, les racines de vétiver sont largement utilisées à des fins médicinales, allant du simple rhume au traitement contre le cancer. La recherche américaine confirme que l'huile extraite des racines de vétiver a des vertus anti-oxydantes dans les applications visant à réduire/prévenir le cancer. En Inde et en Thaïlande, les guérisseurs utilisent largement l'huile de vétiver en applications en aromathérapie, connue pour ses effets calmants bien documentés.

Applications en parfumerie :

- Huile essentielle pure comme élément de base pour un bon nombre de parfum en raison de son faible taux d'évaporation. En Inde, le vetiver est connu sous le nom Ruh Khus et Majmua ;
- Vétiverol – faible arôme et haute solubilité dans les alcools, fournit les meilleures qualités fixatives et de mélange
- Formes diluées - applications parfumées et rafraîchissantes (eaux de cologne, eaux de toilette).
- Aromathérapie médicinale :
- Soins de la peau.
- Arrête les saignements de nez et traite les piqûres d'abeille.

Tableau 3 : Production mondiale et utilisation de l'huile de racine de vétiver

Vetiver root Oil : Vetiver Oil	
U.C. Lavania	
Central Institute of Medicinal & Aromatic Plants, Lucknow (India)	
Annual World Production of Vetiver Oil	250 tons
Estimated oil price	US $ 80 / kg
Major Oil Producing countries	Haiti, Indonesia (Java), China, India, Brazil, Japan
Major Consumers	USA, Europe (France), India, Japan
Major Uses	Perfumery (Perfume, Blending, Fixative), Flavors, Cosmetics, Masticatories
Roots as such	Multifarious refrigerating applications

6. RÉFÉRENCES

Agrifood Consulting International, March 2004. Integrating Germplasm, Natural Resource, and Institutional Innovations to Enhance Impact: The Case of Cassava-Based Cropping Systems Research in Asia, CIAT-PRGA Impact Case Study. A Report Prepared for CIAT-PRGA.

Berg, van den, Johan, 2003. Can vetiver Grass be Used to Manage Insect Pests on Crops? Proc. Third International Vetiver Conf. China, October 2003. Email: drkjvdb@puk.ac.za

Chomchalow, Narong, 2005. Review and Update of the Vetiver System R&D in Thailand. Summary for the Regional Conference on vetiver 'Vetiver System: disaster mitigation and environmental protection in Viet Nam', Can Tho City, Viet Nam, to be held in January 2006.

Chomchalow, Narong, and Keith Chapman, (2003). Other Uses and Utilization of Vetiver. Pro. ICV3, Guangzhou, China, October 2003

CIAT-PRGA, 2004?. Impact of Participatory Natural Resource Management Research in Cassava-Based Cropping Systems in Vietnam and Thailand. Impact Case Study. DRAFT submitted to SPIA, September 7, 2004?

Greenfield, J.C. 1989. ASTAG Tech. Papers. World Bank, Washington D.C.

Grimshaw, R.G. 1988. ASTAG Tech. Papers. World Bank, Washington

Le Van Du and P. Truong (2006). Vetiver grass for sustainable agriculture on adverse soils and climate in South Vietnam. Proc. Fourth International Vetiver Conf. Venezuela, October 2006

Nguyen Van Hon et al., 2004. Digestibility of nutrient content of vetiver grass (*Vetiveria zizanioides*) by goats raised in the Mekong Delta, Vietnam.

Nippon Foundation, 2003. From the project 'Enhancing the Sustainability of Cassava-based Cropping Systems in Asia'. On-farm soil erosion control: Vetiver System on-farm, a participatory approach to enhance sustainable cassava production. Proceedings from International workshop of the 1994-2003 project in SE Asia (Viet Nam, Thailand, Indonesia & China).

Pacific Rim Vetiver Network, October 1999. Vetiver Handicrafts in Thailand, practical guideline. Technical Bulletin No. 1999/1. Published by Department of Industrial Promotion of the Royal Thai Government (Office of the Royal Development Projects Board), Bangkok, Thailand. For copies write to: The Secretariat, Office of the Pacific Rim Vetiver Network, c/o Office of the

Royal Development Projects Board, 78 Rajdamnem Nok Avenue, Dusit, Bangkok 10200, Thailand (tel. (66-2) 2806193 email: pasiri@mail.rdpb.go.th

Pham H. D. Phuoc, 2002. Using Vetiver to control soil erosion and its effect on growth of cocoa on sloping land. Nong Lam Univ., HCMC, Vietnam.

Pingxiang Liu, Chuntian Zheng, Yincai Lin, Fuhe Luo, Xiaoliang Lu, and Deqian Yu (2003): Dynamic State of Nutrient Contents of Vetiver Grass. Proc. Third International Vetiver Conf. China, October 2003.

Tran Tan Van et al. (2002). Report on geo-hazards in 8 coastal provinces of Central Vietnam – current situation, forecast zoning and recommendation of remedial measures. Archive Ministry of Natural Resources and Environment, Hanoi, Vietnam.

Tran Tan Van, Elise Pinners, Paul Truong (2003). Some results of the trial application of vetiver grass for sand fly, sand flow and river bank erosion control in Central Vietnam. Proc. Third International Vetiver Conf. China, October 2003.

Tran Tan Van and Pinners, Elise, 2003. Introduction of vetiver grass technology (Vetiver System) to protect irrigated, flood prone areas in Central Coastal Viet Nam, final report, for the Royal Netherlands Embassy, Hanoi.

Truong, P. N. (1998).Vetiver Grass Technology as a bio-engineering tool for infrastructure protection. Proceedings of North Region Symposium. Queensland Department of Main Roads, Cairns August 1998.

Truong, P. N. and Baker, D. E. (1998). Vetiver Grass System for Environmental Protection. Technical Bulletin No. 1998/1. Pacific Rim Vetiver Network. Office of the Royal Development Projects Board, Bangkok, Thailand.

Truong, P. and Loch R. (2004). Vetiver System for erosion and sediment control. Proceedings of 13th Int. Soil Conservation Organization Conference, Brisbane, Australia, July 2004.

www.ingramcontent.com/pod-product-compliance
Lightning Source LLC
Chambersburg PA
CBHW051020180526
45172CB00002B/416